◀ CINNAMON
シナモン

香料のシナモンが原色。コパーも、ゴールドもシャンパンもこの仲間。
シナモンは黄色系の代表的名称。

WHITE ▶
ホワイト

雪の上では保護色になってしまいそうな美しい白。
写真がかすみちゃん。

◀ ANGORA PASTEL
アンゴラパステル

アンゴラ種の代表的毛色。淡い黄色が特徴。チョコレート赤味のある茶色。

CHOCOLATE ▶
チョコレート

バタースコッチの一種。赤味の強い茶色。

◀ SILVER PANDA
シルバーパンダ

肩口から上、手先、そして多くの固体に尾の特徴があるパンダ模様。毛色が含まれシルバーパンダ。ほかにセーブルパンダ等、毛色と組み合わされる。

COPPER ▶
コパー（カッパー）

シナモンの一種。銅色。光沢のある銅色はとても美しい。

◀ ANGORA SABLE
アンゴラセーブル

毛の長いのが特徴のフェレット。毛色はさまざまある。これはセーブル種

SILVER ▶ MITT
シルバーミット

手先とのど元が白いことが特徴。毛色とあわせてシナモンミットなど呼ばれる。シルバー系はこのミットの模様がもっとも多い。

◀ BLACK SABLE
ブラックセーブル

セーブルよりも黒い光沢が人気。

SABLE ▶
セーブル

少し赤みのある黒、
またはこげ茶。
とてもかわいくて人
気があります。

◀ BUTTER
SCOCH
バタースコッチ

こげたバターの色が
基本色。茶色のフェ
レットの代表的名前。

SILVER ▶
シルバー

外毛にグレーもしく
は黒い毛と、白の毛
の微妙な量のバラン
スで見え方が違って
くるシルバー種。

IF

Dear Ferret Owner, By Ferret Lover

フェレットの愛し方

永池 清

NoseBoze 編

はじめに

いま、小動物と暮らすことが静かなブームになっています。動物は、私たちの生活をとても豊かに楽しいものにしてくれます。私もフェレットが好きになって3頭飼いはじめて6年がたちました。いまでは、好きがこうじて輸入元の仕事をしています。

この間フェレットのことをたくさん学び研究してきました。私は、フェレットと暮らすことを選んだみなさんに、これまでの私の経験と知識をお伝えすることが私のとても大切なことと考えて、これだけは必ず知っておいて欲しいとの思いでやさしい飼育本を書きました。

ともするとショップでは、フェレットも商品の一つと考えられがちです。わたくしは、人が動物と暮らすことを選んだとき、人は、動物にたいして暮らしを豊かにし、楽しく生活する良きパートナーという考えをしっかり持つことがとても大切に思います。

この本は、アメリカのフェレット飼育本の翻訳を軸として、これまでの私の経験と知識を加え、さらにフェレットの食べ物をめぐる情報から、フェレットが病気にならない食生活をていねいにサポートして書かれています。

各章ごとにテーマを決めて書いていますので、どこから読んでもかまいません。何度も読み返してあなた自身が十分に内容を理解してくだされば、きっと、これからのフェレットとのよりよい生活の役に立つものと思います。

人の暮らし方がいろいろあるように、フェレットとの暮らし方もあなたらしいやりかたでいいと思います。フェレットはイタチ科の動物ということからまずはじめてみましょう。

みなさんが素敵な愛好家の一員になりますよう、この本がよき糧になりますように。

Dear Ferret Owner

私の人生を変えた出来事

永池　清

私がフェレットを自分で購入したのは、１９９４年のことです。当時、フェレットについての情報は、ほとんど皆無と言って良い状況でした。いくらフェレットが好きといっても、そんな中で育てる自信はなく、私はフェレットを購入する前には、１年半ほどお店を回り、その性質など調べたりしていました。

そんな道のりを経て、合計３頭のフェレットを迎えた私は、東京から地元・静岡へ居を移して毎日を楽しく過ごしていました。

そんなある日の夜、フレットの「カスミちゃん」が、脱肛してしまったのです。

驚いた私は、すぐさま病院を探し「カスミちゃん」を車に乗せ、２４時間診療の病院へ向かいました。距離にして８０キロ。しかし、背に腹は代えられません。なにしろその病院は、２０もの分院を持つ大チェーンの本院ですから、そこなら何とかしてもらえると考えたのです。

診察の結果、緊急手術が必要だと言われました。まだ育て初めて間もなく、知識も少ない私には、それがどんな状態かもわからなかったため、手術に同意してしまいました。

その手術とは、開腹して腸を腸壁に結わいつけ、脱肛しないように長さを固定するものでした。手術の経過を聞いていったんは安心したのですが、ふと気がつくと、「カスミちゃん」は再び脱肛をしています。しかも、脱肛の状態で力みすぎてしまったため腸が腹膜を破り、今度はヘルニアになってしまったのです。

　改めて、東京の動物病院に診察をお願いしました。フェレットの脱肛についていろいろ教わったのは、その時です。そして、再手術の必要が宣告されました。


　その頃になってようやく、地元・静岡のフェレットオーナーから静岡県内の獣医を紹介され、近くで相談ができる体制が整いました。この時ほど、「自宅の近くで」「親身になって相談できる」病院の有り難さを感じたことはありません。カスミちゃんは、その後もう一度ヘルニアを患うことになりましたが、カウンセリングをふくめ、引き続き先生に診てもらっています。

　この一連のことを考えると、今も胸が痛みます。このことがきっかけになって、自分のフェレットを守るために自分で情報を得ようとしたことが、やがてアメリカとの窓口を開いていくことになります。


　私は、知識がないばかりに不幸になるフェレットや、フェレットを不幸にしてしまうオーナーを、少しでも減らしたいと考えました。フェレットを、家族の一員として愛情深く接している飼い主の皆さんたちが、間違った情報に流されてゆくのを、なんとか差し止めたいと思いました。

　そんな気持ちに突き動かされ、アメリカの専門誌モダンフェレットと連携しながら得た情報を、少しでも多くの人に提供してゆくために、私は、オーナー側から流通側に、自分のスタンスを移していったと言えます。

私は日本において小売店を「育てる」ことを念頭に置きました。

基本的に、ほとんどのフェレットは、既存のペット問屋を通して小売店におりてゆきます。しかし、残念なことに彼らにとってフェレットは商品のひとつに過ぎず、どの流通業者も十分な情報を持ってはいませんでした。

そんな状況ですから当然、末端のペットショップに情報が行きわたるわけはありませんでした。そこで私は、ショップに対しての啓蒙活動を試みたのです。

特に、情報の少ないフェレットについては、「まずショップから」フェレットを知ってもらうことが大切だと思い、活動してきました。

そんな私に、再び転機が訪れました。99年の4月のことです。自分の周りで、たくさんのフェレットが亡くなってゆきました。原因は、フードでした。

フェレットは、肉食動物ゆえに必要な栄養素があり、適切なフードが必要な動物です。しかし、誤った認識で製造されたフードを偏って食べさせ続けたり、キャットフードを代用して与え続けたりしている例が、まだまだ数多く存在します。そんなフェレットたちが、ある程度の年齢になって、一様に内臓障害により亡くなっていきました。

私はフェレットの食について徹底して調べ、その成果をこの本に書きました。きっとお役に立つと思います。

フェレットの愛し方

意匠・装丁／福崎トビオ
コミック／斉藤　恵
編　　集／Nose Boze
（望月奈保子/吉住友孝/林部幸一/瀬沼裕子）

…and this is the issue dedicated to "IKKYU".

PART 1

フェレットってなあに?

大きすぎず
小さすぎずもイイ!
犬
フェレット
モルモット
ハムスター
なかないのもイイ!
人なつこいし
あそぼー
頭いいし
フワフワだし
何ったってイタチってゆー妙さがイイ!
むろん困るトコロもある
かじる
アホ
くさい
いたずら
しかし最も困るトコロは
うむむ ま…いっか
ペロリッ
全てをかわいさでうやむやにする**ズルイ**ところだ

フェレットってどんな動物？

フェレットとは、一体どんな動物なのでしょう？

彼らはMustelidae（イタチ科）の仲間の、小柄で、かつ美しい毛皮で覆われた肉食の哺乳動物です。学名は、Mustela furoといいますが、ヨーロッパ毛長イタチが家畜化されたのだと主張する人たちの間では、Mustela putorius furoと呼ばれることが多いようです。

フェレット自身の歴史は古く、使役動物として、狩りの際にウサギを巣穴から追い出したり、ネズミなどの有害な小動物を駆除するために、数千年前に家畜化されたと言われています。現在でも、ヨーロッパのいくつかの国々とオーストラリアでは、ウサギ狩りに使われています。その手並みは大変に鮮やかで、目を見張るばかりです。これはフェレットの魅力のひとつでもある、遊び好きで、恐れを知らない強い好奇心の成果といえるでしょう。

もちろん、彼らの魅力はそれだけではありません。毛皮がとても美しく物珍しい点、上品なシルエットの独特な体型であること。人によく懐き、私たちの心を和ませてくれるセンスの持ち主であること。そして、限りがないかとさえ思わせるような爆発的なエネルギーでしょう。彼らは、美しく活発で、思いやりに富む動物です。ひとことで表してしまえば、「フェレットは可愛い」のです。

また、フェレットは一頭一頭性格が違うところも大きな魅力です。一緒に生活する時間が増えていくほど、飼い主の性格に似ていくのはもちろんですが、何頭かで飼う場合、それぞれ性格に違いが出てくるので、ますます興味深くなります。たくさんのフェレットが集まる機会があれば、その性格の違いの多彩さに、きっと目を見張ることでしょう。

もしフェレットに話すことが出来るとすれば、きっと「この部屋にあるもの、ぜんぶ僕の物さっ！」とか、「ねえ、これは何？」、「見て見て！」というようなことを言っていることでしょう。特に、幼いフェレットは好奇心の固まりです。好奇心が生きて動いてるといっても過言ではありません。穴があったら入り、服に隙間があれば潜り込み、掘れるものがあれば掘る……飽きることを知らず、ある意味ではしつこい…そんな動物なのです。そして、そんな彼らの好奇心・探求心は、生涯尽きることがありません。

彼らは人とも他の動物とも社交的で、かつ共同生活を楽しむことができます。フェレットは各々個性を持ち、好きなおもちゃや遊び、隠れ家、いつも寝る場所などを作り出します。とても賢く、おもちゃやエサなどの宝物を自分のお気に入りの場所に持ち去る方法をすぐに学びます。時には、自分がなにが欲しいかを、あなたに解ってもらえるように主張することさえするでしょう。

フェレットは一頭一頭の個性がしっかりしています。そしてその個性を大切にすることは、とても重要なのです。

臭わないフェレットの秘密

●手術済みフェレット

フェレットはイタチ科の動物ですが、他の動物と比べて大きく違うのは、肛門腺器官が発達しているところです。スカンクほど強いおならは出しませんが、くさいにおいがフェレットの武器になります。

しかし、野生では役に立つこの武器も、人間と暮らすペットになるためには、少々不都合です。そこで、たくさんの人との生活を、もっと楽しんでもらうために臭いのもとである肛門腺の除去手術をするようになりました。現在日本にやってきているフェレットのほとんどが、この手術を施されています。

ペットショップの店頭で「臭わない」と言われているのは、こうした手術済みのフェレットのことを指しているのですね。

また、生後すぐに肛門腺の手術を受けるフェレットたちは、同時に去勢あるいは避妊手術も受けています。たとえばメスのフェレットの場合、発情期に交配をしないままでいると、外陰部が腫れあがって激しい貧血を起こす、エストラスというとても危険な状態になってしまうのです。ホルモン注射で回避する方法もなくはありませんが、基本的には刺激性排卵（交配して排卵する）動物ですので、繁殖を望まずにペットとして飼育するには、避妊手術をしておくほうが安全なのです。

オスの場合は、去勢していなくても、特に問題はありません。

●帰化の問題

去勢手術の重要性は、健康面だけにとどまりません。

現在日本では、野良猫が増えていたり、ブラックバス、アメリカザリガニ、食用ガエル、ハクビシン、アライグマ、プレーリードッグ、タイワンリスをはじめとする、もともと日本にはいない動物が住みついて、どんどん繁殖を重ねる「帰化」の問題が見逃せない状況になってきています。野生化したこれらの動物は、今後確実に、日本の生態系を崩してしまうでしょう。

仮に、未手術のフェレットが捨てられたり逃げたりしてしまって、フェレットが野生に放たれてしまったら、と考えてみてください。あるいは無計画な繁殖で、飼い主の手に負えない数に増えてしまったら、一体どうなるでしょうか？ 元来肉食のフェレットが野生化して、どう猛な動物として浸透してしまっては、フェレットを愛するものとしてはやりきれませんね。こんなことを考えても、責任もって最後まで飼い続けるのはもちろんですが、去勢・避妊手術はあらかじめしていたほうが良いのかもしれません。

ノーマルフェレットにも良さがある

手術していないフェレットを、自然体という意味でノーマルフェレットと呼び分けます。

本来の姿のままで成長するフェレットは、体の大きさ、骨格の太さ、筋肉の付き具合などの点で、幼いときに手術をしてしまうフェレットと大きな違いが出てきます。オスは骨太でとても大きな魅力的な体に育ちます。メスは、オスとは逆に小柄な女の子らしい体つきになります。

●大きく育つノーマルフェレット

ノーマルタイプにはフェレット本来のたくましさがあり、とても魅力的です。ノーマルフェレットを入手して、生後8ヶ月ほどすぎてから手術をすれば、大きなフェレットに育てることができます。大きな子が好きな方は、機会があればチャレンジしてみても良いかもしれませんね。

生体を入手してから手術をすると、手術済みのフェレットを買うよりも金銭的には割高になってしまいますが、その分、手術済みのフェレットでは味わえない楽しみがあります。本来のホルモン状態であるノーマル方が、健康で長生きするという話もあります。

●ノーマルフェレットのデメリット

大きく育って手応えがある反面、ノーマルフェレットにも難しい点があります。去勢をしていないと、慣らすのに時間がかかったり、発情期に狂暴になることが多いのです。たとえば、未手術のオスの固体は、他のオスと一緒に育てると、激しい争いを始めます。こうしたことを踏まえて、一頭ずつ飼育できる準備があれば問題はありませんが、フェレットと初めて暮らす方や、一つのケージで多頭飼いを望む方にはあまりお勧めできません。

●ノーマルフェレットの注意

ノーマルフェレットには、当然生殖能力があります。しかし、無計画に繁殖をさせて世代をきちんと管理していないと、近親交配のために先天的な病気や障害を負った、不幸なフェレットが生れてくることがあります。こうしたフェレットを作らないためにも、近親交配はできるだけ避けてください。

個人のレベルではどうしても血が濃くなり、無計画な交配をしがちです。飼うにあたっても、こうしたノーマルはお勧めできません。しっかりした研究と、血統管理をされたフェレットを入手することをお勧めします。

●ノーマルフェレットを飼いたい?

血統管理をして繁殖をさせているブリーダーのホームページ。

「**藤井ファーム**」

http://www.bb-ferrets.com

フェレットの習性あれこれ

●ぐっすり眠る

フェレットは眠ることが好きで、毎日大抵6～8時間は眠っています。もし彼らがケージの中で何もすることがなかったら、おそらくずーっと眠っていることでしょう。子どものフェレットや、病気をしていたり年老いているフェレットも、眠る時間が多くなります。あなたが次に遊んでくれる時のために、十分エネルギーをためて、準備をしているのです。

フェレットを飼っている方ならば、彼らが休んでいる時の無防備な姿に驚いたことが、少なからずあるでしょう？　時にはぐったりと、すべての力を失ったようにこんこんと、それこそ一度や二度起こした程度ではぴくともしないほどに寝ついていることもあります。

この深い眠りは、彼らが野生であった祖先から受け継いだ防御本能である、という学説があります。たとえば肉食動物が獲物を見つけた時に、その獲物がぱっと見て死んでいるようならば（本当は眠っているだけだとしても）、それを食べることはしないでしょう。この学説によれば、ノェレットの例の眠りは、こうした敵の攻撃から身を守っている、というわけです。しかし、あまりに深く眠ってしまっていると、本当に具合でもわるいのではないかと驚かされてしまいますよね。

●トイレは決まった場所でする

フェレットは新陳代謝がとてもよく、一日中食事と排泄をくり返します。特に、睡眠からさめるとすぐに催しますから、トイレのしつけをさせたい場合は、遊ばせる数分前に起こし、排泄をしようとしたら、トイレにあてがってあげてください。はじめのうちは嫌がって外に出てしようとしますが、根気強くトイレにつれていくと、やがて覚えるようになります。排泄をしてからケージから出してあげれば、外でしてしまうこともなくなります。

ほとんどのフェレットが部屋やケージの隅や角になった場所をトイレにします。どの隅を選ぶかはそれぞれ違いますが、大体1～2ヶ所、決まった場所でするようになります。ただし、決めてあってもそこが汚れていたり、そこに行くまで間に合わないというような時は、別の場所でしてしまうこともあります。トイレで排泄をさせたいのならば、彼らの気に入った場所にトイレを置くようにしましょう。またそこをトイレにさせたくない場合は、食器やタオルケットなどを置くのがよ効果的です。フェレットは、寝場所や食べ物のあるところでは排泄をしません。きれい好きなのです。

また、排泄をした後、床でお尻を拭くことがあります。これは、犬の場合お腹に寄生虫がいることを表す行動ですが、フェレットの場合は習性なので特に心配はありません。カーペットなどを汚すこともあるので、トイレの周りやフェレットのお気に入りの場所に、取り替えのできる小さなマットを敷くのもよいでしょう。

●あくびをする

フェレットはよくあくびをします。とても可愛いしぐさで、時には別な子に伝染したかのように、みんなそろってすることもあります。いつも寝ている場所で、体をいっぱいに伸ばすような格好でしたりしますね。

大きな口を開けたときは、口の中を観察する良いチャンスでもありますから、時には抱き上げて、口の両端にある「あくびのツボ」をさすって、わざとあくびをさせてしまいましょう。

●震える

寝ている間、フェレットの体温は下がった状態にあります。ですから、彼らは起きると真っ先に自分の体をあたためなければなりません。そんな時に人間が冷たい手で、起きてすぐのフェレットを抱き上げてしまうと、彼らはますます震えてしまうことになります。「この手に触られると冷たい、寒い」と思われてしまうと、そのうち手を見ると逃げるようになってしまうこともあるので、起きてすぐのフェレットに触れる場合は気をつけましょう。

震えることとは、恐がっているのではありません。恐がっている場合は、じっと動かなくなってしまうことの方が多いようです。

●伏せをする

退屈している時、また次にする事を考えている間、フェレットはお腹を床にぺたんとつけて、伏せの格好をすることがあります。そのような時は、一緒に遊んであげたり他の玩具を探してあげましょう。また、疲れてちょっと休憩、という時や眠い時なども同じ格好をします。

●セルフクリーニング（グルーミング）する

時折、前足を舐めて、耳の後ろから顔の方へ拭うようにするフェレットがいます。まるで顔を洗っているように見えますが、これは、フェレット自身が「臭うな」と感じた時に、耳の後ろの腺からにおいを取り出し、体のにおいを改善しようとしているのです。

●体を掻く

フェレットはとても痒がりで、よく体を掻きます。寝起きの時に、より激しく掻くことが多いようです。普段より多くひっ掻いていたり、毛が大量に抜けたり発疹があるようならば、何かしらの原因があると思われます。寝具が清潔か、乾いたシーツを使っているかなど、フェレットの皮膚に触れるものに注意し、痒みの原因を取り除いてあげましょう。あまり激しく掻いて傷を作ってしまうようならば、獣医に相談をして、適切なアドバイスを受けることをお勧めします。

●「お気に入り」を決める

フェレットにはそれぞれ、お気に入りや執着する物があります。私のところのフェレットは、プラスチックボールがお気に入りですが、これはどうやらボールをベビーフェレットに見たてているようです。彼はそのボールを大切に扱い、たまに散歩のつもりで連れ歩いています。食事をする時には、彼の秘密の場所に連れていくこともあります。もし他のフェレットがそのボールと遊ぶようなことがあれば、すぐさま奪い取り、どこかへ隠してしまうでしょう。もしくは、誰かが彼からそのボールを持っていこうとしたら、金切り声を上げるほど大切にしています。

●上下関係をハッキリさせる

複数で暮らしているフェレットは、誰がボスなのかを決めようとします。彼らはボスを決めるために争いますが、その時、大きく古参のフェレットが、小さく新参者のフェレットの首筋を噛み、そこら中を引っ張り回すことがあります。私たちから見ると、ただケンカしているように見えますが、これが彼らの方法なのです。しかし、体格の差が大きかったり、あまりに激しく争うようであれば、間に入って止めてあげましょう。

ウィールズウォーダンス（イタチの戦いの踊り）

フェレットが激しい感情を表しているとき、まるでダンスのような動きをすることがあります。何も考えず、大きな口を開けて後ろや左右にはね回り、そのエネルギッシュなさまには驚かされます。普段狭いところや部屋の隅が好きなフェレットも、このときばかりは壁や家具から離れた、広い場所などで踊ることが普通です。毛が逆立ってモコモコになっていたり、尻尾が試験管を洗うブラシのようにふくらんでいることもあります。

このダンスを見慣れていない人は、怖さを感じるかもしれませんが、その子がどれほどエネルギーがあるか、どんなに楽しいのかということを表現しているものなので、温かく見守ってあげましょう。

この状態の時には、壁にぶつかろうがひっくり返ろうが、気にも留めずに踊りまくります。この時のフェレットは無敵の状態なのです。

尻尾

前述のダンスの場合もそうですが、フェレットは興奮すると、尻尾をブラシのように逆立てます。これは、怖がっている時や、ケンカをしているときの怒りの表現です。また、新しい生活環境になった時の「ここはどこ？」という不安を表す反応でもあります。どちらにせよ、あまり刺激しないよう、見守ってあげることが大切です。

フェレットの魅力は毛色の魅力？

　フェレットは、ミンクやテンなど他のイタチ科の動物と同様、美しい毛皮の持ち主です。そして、その毛色のバリエーションは多岐に渡り、私たちの目を楽しませてくれます。よく見られる黒や茶色のほか、ポピュラーな色としてはオレンジやグレー、白、黄色などが挙げられるでしょう。

　フェレットの野生色としての毛色は、濃い茶色だとされています。この野生色はセーブルと名付けられ、現在のフェレットの基本の色とされています。しかし、家畜化される課程において、本来は色素異常だったアルビノ種（白毛赤目）もまた、古くから繁殖されてきました。

　この、セーブル種とアルビノ種のかけあわせが繰り返されるうちに、本来の二色とは違った毛色が生れてくるようになりました。美しい色の個体が生まれるに伴い、愛好家たちは、その毛色と独特の模様を固定する目的で、ますます計画繁殖を繰り返しますが、似たような毛色を掛け合わせたところで、完全な色分けはできていないのが現状のようです。

　フェレットの場合は、同じセーブルであっても、大人になるまで色が随分と変化します。これは血統上の遺伝子の不安定さを示しているのですが、オーナーとしては、その変化の様子も楽しみのひとつではないでしょうか。

　フェレットの毛色についてては、だいたい次のような色分けがなされています。

● カラーについては、ポストカードを集めてみては？
以下のホームページで取り扱っている。
http://www.character-jp.com/

色の名前	特徴	カラーバリエーション
Sable（セーブル）	日本人に最も好まれている濃い茶色。野生色。	ブラックセーブル／ダークセーブル／セーブル／ライトセーブル
Buture Scotch（バタースコッチ）	赤みが入った黒。セーブルより淡い茶色。焦げたバター色。	バタースコッチ／ジンジャー／チョコ
Cinnamon（シナモン）	黄色みが強く、黒味が少ない。香料のシナモンの色。	シナモン／ゴールド／コパー／シャンパン／ピンクゴールド
Silver（シルバー）	グレー、または白と黒の斑模様。	ダークシルバー／ヘビーシルバー／ミディアムシルバー／ライトシルバー／スターリングシルバー
White（ホワイト）	クリーム～オフホワイト、イエロー	―

● 価格（1）

フェレットの価格は、35000円程度を目安にすると良いでしょう。それ以下だと手術をしていなかったりミスが多かったり、ペットショップが不勉強だったりします。安く買ったと思っても、その後の費用で結局高くつく場合があります。

● 価格（2）

安いものは、安く売るために手間を抜くから、後で問題になることがあります。繁殖コストを下げるために繁殖回数を増やし、粗悪な餌を与えたり、血統管理していないために近親交配が進み、血が濃くなって異常な固体が生まれたりしています。大事なところで手を抜いた、おかしなフェレットも流通している場合があるので、十分注意が必要です。

セーブルとシルバーにカラーバリエーションが多いのは、それぞれ色の濃さで名前が分けられているためです。ひとことでセーブル、シルバーといっても、フェレットの場合は色の違いの幅が広いため、より厳密に忠実に名前付けをすると、このような形になるのです。

かたや、バタースコッチとシナモンは、黒、黄、赤色のバランスの違いで色分けが決定されます。もっとも、これらはあくまで目安ですから、それぞれ固体を見て、近い色で名称分けするのがよいでしょう。また、子供から大人へと成長するに従って、色が変わってしまう個体もいますから、あまり細かい色分けは気にしない方が無難であるかもしれません。

では、模様についてはどうでしょう。フェレットの身体の模様には次のような分類があります。

◆セルフ…………体と手足の色が同じ
◆スタンダード…………フェレットに多く見られる体のパターンで、手足に比べて若干体の色が淡い
◆ブレイズ…………マスク部から頭頂部まで白いラインを持つ
◆パンダ…………肩口から頭全体と尾が白。足先に白（ミット）が入る
◆パンブー…………パンダの頭頂部に2本ラインが入る

● 目の色にもバリエーション

フェレットの目の色にも特徴がある。毛色の薄い種では、目は赤・ピンク・ブドウなどの色があり、その他では黒が一般的。まれに、青みがかった目の個体も生まれることがある。

◆シャム　……………………　手足と尻尾、背骨部分が同じ濃い色をしており、体と頭の多くは色が明らかに抜けている。ほとんど白と黒のツートン

◆マークドホワイト　……　背骨部分と尻尾にラインがある。体は白いことが多く、ラインの色は黒または黄、シナモンなど

◆ブラックフット　………　手足だけ黒い。後は全て白

◆ミット　…………………　手足の先端が白い。喉が白い場合を含めて「〜ミット」と表現をする（シルバーミットなど）

さて、ざっと見ただけでも随分と種類があることに驚かれるでしょう。実際には、これらのカラーや模様のフェレットたちが、さらに交配を重ね、「バタースコッチミット」や「シナモンブレイズ」などなど…さまざまな組み合わせで枝分かれしていくのです。

そう考えると、フェレットのカラーというのは、実は「無限」と言ってしまった方が良いのかも知れません。よく言われる、「毛色によって性格が違うのですか？」という質問も、これだけの数があることを知ってしまうと、あまり意味がないことに気づかれるでしょう。

PART 2

フェレットを迎えよう!

ペットショップでフェレットに一目惚れ
うっ
トスッ
という人も多いだろう
これは運命の出会い〜
ぜったいつれて帰るーっ
ピュー
BANK
思いつめて銀行に走った人もいるでしょう
でもこれからずーっといっしょに生活する…ってコトは
いわば結婚のよーなもの
離婚はできないんだから
一生のおつきあいなのねー
あの〜
人間のときより慎重にね

購入する前の心得

あなたは彼らの一生を、最後まで面倒を見ることができますか？　フェレットはフンをしても、自分で水を流したりすることができません。自分の体が汚れても、自分でお風呂でゴシゴシ洗うことができません。おなかが空いても、冷蔵庫を開けて料理することができません。具合が悪くても、病院に行くことができません。彼らはあなた自身が行っている日常のすべてを、あなたにやってもらうように希望しているのです。ぬいぐるみがひとつ増えるのではなく、人間の赤ちゃんがひとり増えるのと同じことなのです。

あなたは終生、彼らのトイレを掃除したり、体を清潔にしてあげたり、ご飯を用意してあげることができますか？　このことを自分自身、家族で迎える場合は家族全員で、もういちどよく考えてみてください。

●におい

フェレットには本来臭腺があります。しかし、日本で売られているほとんどの個体は、除去手術を受けています。それでも、まったく臭わないというわけではありません。鼻の敏感な人にとっては、「きつい」「臭い」と感じることもあるでしょう。生活していくうちに慣れて気にならなくはなりますが、「臭いはある」ということは、頭に置いてください。

●費用

フェレットはフェレットフードや、高品質で安全な子猫用フードが必要です。年1回のジステンパーの予防接種、怪我や病気、歳を取ったときに出てくる成人病、また産まれながらの持病についてなど、生きている限りコストはかかります。それらすべてにかかる費用を負担していくことができますか？　これは意外に重要なことです。よく検討してみてください。

●心のゆとり

彼らは一生あなたに面倒を見てもらわなければならなく、臭いのある動物で、経済的負担があります。さらに彼らの行動の中には、あなたをいらつかせたり、怒らせるようなことをするかもしれません。いつまでも、探求心旺盛な、悪戯をする彼らを見守る気持ちがありますか？　そのためには、あなたが健康で、心にゆとりを持つことが大切です。無理に我慢する必要はありません。でも、あなたがフェレットというものを受け入れたときに、彼らは無償の愛情と、心の平安を与えてくれるでしょう。あなたがフェレットと出会い、たくさんの幸せを知ることができることを願っています。フェレットを家族に迎え入れた人たちは、その喜びのために心からの笑顔を持って彼らと毎日接しているのです。

良いショップを探そう

今では、フェレットもいろいろな所で見られるようになりました。ペットショップ、デパート、時にはディスカウントストアの一角などで扱っている所もあります。こうしたお店の違いは、フェレット自身に何か違いをもたらしているのでしょうか。

「買う」だけであれば、私は基本的には「どこでもよい」と考えていまあす。一部のショップなどの中には、環境が整っていなくて、病気になっている子もいるかもしれませんし、噛むからといって牙を折られている子もいるかもしれません。でも、そういった中にも運命の出会いがあるかも知れない、私はそう考えているのです。インスピレーションを感じることができれば、売っているお店自体には、それほどこだわらない考えなのです。

それでも、心ないショップの扱いがもとで、ずっと病気と付き合わなければならなくなったりするのフェレットにとってもオーナーにとっても不幸なものです。特にフェレットを初めて飼う場合は、健康な子を安心して買いたいところです。

では、ショップを選ぶ時、どのような点に注意すればよいでしょう？　なんとなく湿っぽくて、暗い雰囲気だったり、とにかく「臭い」ショップは、ペットの管理が悪く、健康状態が悪いことが多いです。排泄物をきれいに掃除しているか、餌や水が散らかっていないかなどをチェックして、まずは清潔なお店を選びましょう。

次に、フェレットに関する知識はどうでしょう。購入するのはどこでも良いかも

● 全国のショップ

「フェレットピア」
日本初のフェレット専門店。
宮城県多賀城市大代1-13-15
022（366）9910

「ハートフル高尾台」
石川県金沢市高尾台2-147
076（298）9595

「旭川水族館」
北海道旭川市神旭町4-40

「ヘブン」
埼玉県草加市弁天町1471-2
048（935）6504

「アマゾン」
神奈川県横浜市港北区賀輪町707-1　サンテラスユニー内
045（562）3344

知れませんが、その後のケアや、健康相談などが気軽にできるということは、それだけで心強いものです。売ったら売りっぱなし、という無責任なお店ではなく、フェレットに愛情のある、勉強熱心なお店を探し出したいものです。

ためしに、質問してみましょう。

●餌は何を食べさせるの？（フェレットフードの重要性）
●予防接種はどうするの？（ジステンパーワクチンの必要性ならびにだ危険性）
●フェレットを診てくれる動物病院はありますか？（コネクションがあるかどうか）
●暑い季節にはどうしたら良いの？（フェレットの性質を把握しているかどうか）
●しつけはできるの？（噛み癖の矯正法、トイレのしつけ）

このような質問に、さっと答えてくれるショップなら、まず安心です。万が一、フェレットについての知識がそれほどなくても、犬猫の知識をフェレットに応用して、柔軟に考えてくれるショップなら十分合格と言えるでしょう。

フェレットは臭腺除去・去勢・避妊の手術をして売られていますが、たまに取り残しなどのミスが見つかる場合があります。買ってから発覚してショップに問い合わせても、費用の問題などではトラブルになることが多いようです。買う前に、もし手術ミスがあった場合どこまで責任を持ってくれるのかなども、しっかり確認しできれば覚え書きなどもらっておきましょう。

さぁフェレットを迎えに行こう

さあ、いよいよフェレットのお迎えです。どんな子を迎えれば良いのでしょう。特に、初めてフェレットを迎える場合には、どんなところを気にかければよいのでしょうか。

フェレットを選ぶ基準点をひとつあげるとしたら、それは「インスピレーション」です。お店では、ただひたすら「この子が可愛い！」という直感だけを頼りにするのが、結局のところ一番正しいようです。

生体は、確かに健康であるにこしたことはありません。毛づやが良く、足どりがしっかりしていて、目に輝きのある、元気の良い子であれば、それだけで言うことはないでしょう。

さらに具体的に言えば、

- 鼻水、くしゃみをしていないか
- 目ヤニや耳ダニがひどくないか
- 肛門の周りはきれいか
- 便の調子はいいか（下痢をしていないか）

くらいをチェックできれば、第一関門は突破です。

あとは、毛色や顔立ちなど、自分の好きなタイプのフェレットが見つかるまで、根気よくお見合を重ねるまでです。ピンと来た子がいたら抱っこして、目を見つめて「家に来る？」と聞いてみましょう。「うん、行く！」と言ったような気がしたら、その子はあなたの家の子になる資格十分です。迷うことはありません。

もちろん、これらの条件に当てはまらないからといって、それが落第かというと、そうではないことも忘れないでくださいね。尻尾が少しくらいハゲていても、牙が折れていても、ちょっと目が小さいなと思っても、「その子」が気に入ったのなら、それが出会いのマジックと言えます。ぜひ、幸せにしてあげて欲しいものです。


ところで、「噛み癖」については個体差があるので、選ぶ際には考えなくてよいと思います。ショップでは、慣れない抱っこで興奮して噛むこともしばしばですし、家に迎えてから根気よくしつければ、ほとんどの子がおさまります。むしろ、噛み癖が強い子が、だんだん自分に慣れてくるのも可愛いという声の方が多いかもしれません。

将来、体格の大きくなる子が欲しいという場合は、手足が太く、顔が大きい子が良いでしょう。持った感じも、ずっしりと重いのが、「育つ子」の要件です。

フェレットはどこからやってくるの？

本格的なお迎え前に、フェレットの故郷についても少し勉強しておきましょう。フェレットは、アメリカ、カナダ、中国、ニュージーランド、オランダ、イギリス、デンマーク、ドイツなどから輸入されています。それぞれの産地（ファーム）にブランドがあり、フェレットの性質の傾向や臭腺・避妊去勢手術の有無（ミスの確率）、大きさ、毛色、価格などの違いが見られます。

フェレットのブランド

●マーシャル
有名で、質の高い生体とサービスがある。耳に付けられたタトゥーが目印。
輸入元／ＢＶＪ　０３（３７２５）５８４８
繁殖所在地／アメリカ・ニューヨーク州

●パスバレー
毛色の多彩なフェレット。参考モダンフェレット＃１４。
主輸入元／浅田鳥獣貿易株式会社　０３（３４１０）３２３３
繁殖地／アメリカ・ペンシルバニア州

●ニュージランド系

かつて1つだったブランドは、サウスランド、ゴールデンなど、現在約6つの名前に分かれて販売されている。

●ヨーロッパ系

ヨーロッパからは、ダッチ、ネザーランドをはじめ小さいフェレットから大きいのまで多種が輸入されている。

●ハーク

当社（DEFO）が輸入代理店のフェレット。毛色のバリエーションで集められた、洗練されたフェレット。

輸入元／DEFO　054（252）7478

名称は、High QualityやH.Q.を意味しています。

繁殖地は、アメリカ・ニューヨーク

まず必要なものを揃えよう

さあ、フェレットが家にやって来ます。これからフェレットと暮らして行くにあたって、必要なものについて見てゆきましょう。

●生活コストはどのくらい？

フェレットの生活にかかるコストは、大まかに言って、「フード代」「トイレ材代」「獣医代」などにかかるランニングコストと、ケージやハンモック類など、はじめに揃えてしまう必要のある設備費用との二つに分けられます。

ランニングコストについては、フード自体が、メーカーによって、扱う小売店によって値段が異なるため、一概には言えませんが、大人のフェレット1頭に対して1カ月2000円程度の予算を見ておけば、いくつかの種類をブレンドして、十分食べさせてあげることができると思います。

トイレ材は、猫用の製品を使ったりペットシーツを使ったりした場合で、やはりひと月1000～2000円程度になるでしょう。ただしこれは、トイレの工夫次第で「使わない」方もいるかもしれませんね。

獣医さんにかかる費用も、病院によって設定がそれぞれ異なります。フェレットの診察で発生するものとしては、診察料（初診料）のほか、ジステンパー予防接種代、フィラリア予防薬代が代表的ですね。そのほか、場合によって避妊や去勢の手術、臭腺除去の手術代がかかる場合もあります。

設備費用でかかるものについては、フェレットと暮らすにあたって、そう何度も取り替えたりしないでしょうから、少し検討して、より良いものを選んでゆきたいものです。

●ケージ選びは大切

フェレットに適したケージとは、どのようなものでしょうか？　もちろん広ければ広いほどよいのですが、それには部屋の都合がありますね。フェレットが寝るためだけの場所ならば、50センチ立方にハンモックを吊るしてあげればいいのですが、その場合普段から外に出して、ストレスや運動不足を解消してあげる必要があります。

一日の大半をケージに入れておき、あなたが遊んであげることが出来る時間が限られているという場合は、できるだけ大きいケージを用意してあげましょう。最低でも70センチ×45センチ×70センチぐらいの大きさで、1、2階建てになるよう仕切ってあれば、上に動いて運動することもできますし、トイレと寝床の場所を分けることもできます。これなら一日の大半をケージで過ごしても、それほどストレスが溜まったりしないことでしょう。

左ページに、国内で手に入るケージのサイズをまとめてみました。中で飼う個体の数に応じて、適度な大きさのものを購入しましょう。また、インターネット通販を使って、アメリカからケージを取り寄せることもできます。作りはおおざっぱに見えますが、スペースが大きく、使い勝手の良いものが多いので、興味のある方は検討してみてはいかがでしょうか。

いずれの場合も、ケージを選ぶ時には、次の点に注意しましょう。

●フェレットが出られない網の目の大きさか
●入り口はフェレットが勝手に開けられないか
●壁のつなぎ目はきっちりしているか

フェレットは、知る人ぞ知る「脱走の名手」です。鍵（ナスカン）のかけ忘れに注意するのはもちろんですが、わずかなスキがあることを知ると、そこから器用に出かけてしまうので、いざということのないように、慎重に選びましょう。

●ケージでの注意点

メーカー	商品名	サイズ	希望小売価格
豊栄金属	670ドームフェレット	685×428×715	¥9,800～
	670フェレット	685×428×455	¥7,800～
	715フェレット	730×480×430	¥10,600～
	915ラビット	515×515×460	¥8,600～
ワイルドホーム	R8－1	810×510×355	¥12,000～
	R6－1	660×355×355	¥8,000～
マルカン	ラビットケージ	626×470×400	¥9,800～

身体の柔軟なフェレットは、まれに、網状になったケージに足を引っかけたまま身体をひねってしまって骨折をしたり、爪をはがしてしまうことがあります。

もし、一度でもひっかかるようなことがあれば、ケージになんらかの対策を施した方が良いでしょう。たとえば、ひっかかると思われる部分にテープを貼ったり、布で覆ってしまったり。布を使う場合でも、タオル地では爪がひっかかりやすいので避け、デニムのようなしっかりとしたものを使用しましょう。薄いアクリル板を利用するのも良い方法です。

トイレをセットする

フェレットは部屋やケージの角で排泄するので、そこにトイレを置いてあげます。市販されているものでもよいですし、他のプラスチック製の容器をを代用しても構いません。ただしダンボールなど、噛みちぎることのできるものは、誤って食べてしまう可能性があるので避けましょう。

排泄をするときは、お尻を上げてバックして行き、お尻が壁にぶつかった所でしようとします。そのため、市販されているトイレのほとんどは、入り口が低く、壁が高くなっています。手作りしたり、ほかの容器で代用するときは、この点を考慮するとうまく使ってもらえるようです。

フェレットによっては、「囲いが高いと入ろうとしない」とか「お尻を高く上げるので、あまり平たいと外にこぼしてしまう」という事もあります。ひょっとしてトイレがきちんと覚えられない子は、そういったところに原因がある場合もありますから、それぞれの癖に合ったトイレを選んであげましょう。

トイレの中には、トイレの砂やペットシーツを入れてあげると良いでしょう。ただし、ウサギやハムスターに使われるパインチップや牧草などは、アレルギーを起こしたり、肛門に刺さって炎症を起こす子もいるので、お勧め出来ません。

トイレ砂とペットシーツでは、どちらを使っても構いませんが、それぞれに注意しなければならない事があります。

◆トイレの砂

　フェレットには、何でも口にしようとする傾向があります。大人になるにつれて味覚も出来あがってくるので、好きな味（におい）のするもの以外は口にしなくなっていきますが、幼いフェレットの場合は、まだ区別が出来ません。トイレの砂は、フェレットが口に入れるのにちょうど良い大きさなので、特に注意が必要です。

　たとえば、トイレの砂の中には、水分を含むと固まるようになっているものなどがあります。万が一フェレットがこれを口にしてしまうと、排泄される前にお腹で固まってしまうことも考えられますから、紙砂を食べる癖のあるフェレットは、砂の使用を控えるか、なるべく薬剤成分の少ないものを選びましょう。

◆ペットシーツ

　この場合も、トイレの砂同様に食べてしまう危険があります。また、バリバリ引っかいて、遊んでしまうフェレットも多いようです。これを防ぐためには、食器用の水切りカゴが応用できます。適当な大きさのカゴを選んで、水切りと受け用のバットの間にシーツを挟みます。そうすれば、遊んで引っかくことも出来ませんし、尿は網から下に落ちるので、フェレットが汚れる事もありません。ただし、カゴそのままだと、入り口が高くて嫌がる子もいるかもしれないので、その場合は縁のの一ヶ所を加工して、低くしてあげましょう。

アクセサリをセットする

フェレットは、ハンモックに揺られて寝るのが大好きです。フェレットが暮らしやすいケージにするために、ぜひとも取り付けてあげましょう。そのほか、なくてはならないものをいくつか紹介します。

●ハンモック

ペットショップに行くと、夏用にメッシュになっているものや、冬用にボア付きだったり寝袋のように潜れるものなど、いろいろなタイプがあります。何枚か用意して、季節によって変えてあげるとよいでしょう。もちろん、自分で好きな生地を買ってきて、作ってあげることもできます。なるべく厚地のものを選ぶようにすると、乗った時に安定感もあって良いようです。

●餌入れ

特に決まったものはないので、試行錯誤されている方が多いようです。フェレットは大変遊び好きなので、あまり軽い素材のものや、噛んでいるうちに噛みきれてしまうようなもの（プラスチックなど）よりも、重みのある陶器のお皿などの方が向いていると言えるでしょう。もしくは、犬用に売っているステンレス皿であれば、噛み砕くことも、落として割れたりする心配もないので、安心して使用できます。サイズも豊富にありますから、フェレットの数や食欲に合わせて選べるところも便利ですね。

●ウォーターボトル

フェレットは新鮮なお水が大好きです。たっぷり飲めるように、ウォーターボトルは必ずセットしましょう。いろいろな大きさのものがありますが、フェレットのためにはなるべく飲み口の径が大きいものを選んで下さい。ハムスター用などの口の小さい（細い）ものだと、フェレットの口の大きさと合わず、上手に飲めない事があります　ケージに取り付ける時は、まっすぐセットできているか良く確かめましょう。斜めになっていると、ボタボタこぼれて周囲が水びだしになってしまったり、悪くすると飲み口から水が出なくなってしまいます。取り付けた時に、ちゃんと水が出ているか確認しましょう。

●おもちゃなど

最近は、フェレット用のおもちゃも充実してきました。ケージの中にも、ハンモックだけでなく、プラスチック製のチューブや、鈴の入ったボールなどを入れてあげると、フェレットは良く遊びます。ケージの大きさに余裕があるならば、ストレス解消のためにもいくつか入れてあげてみましょう。

フェレットに適した部屋作り

さて、フェレットを迎え、ケージの準備も万端整ったら、次は「フェレットプルーフィング」をしましょう。これは、フェレットにとって危ない物がないかどうかを、部屋中、そして家中にわたって点検することです。

フェレットは、物を動かしたり、部屋の隅に隠れたり、高いところに上ったりと、ハプニングが大好きです。彼らの好奇心と集中力の強さは、侮ることができません。そこで、先手を打って、危険に繋がるものはあらかじめ極力排除してしまうのです。

大抵の飼い主さんは、フェレットをケージで飼い、時に応じて部屋に放っていることと思います。そして、限られた散歩を許されたフェレットたちは、その限られたテリトリーの中で、常に新しい冒険を試みようとします。「このドアをいつか開けるぞ」「この棚をいつか登り切るぞ」そんな並々ならない決意に対して敬意を払うためにも、万全のプルーフィングを、心がけましょう。

1．範囲を決める

まず、フェレットを遊ばせて良い範囲を、自分の中で決めてしまいましょう。居間なら居間の中だけ。キッチンまで行って良い場合はキッチンまで。ポイントとして、ドアを閉めてしまえばその先にはどう頑張っても脱出できないこと、それでいて、あなたの目がきちんと届く範囲であるということが大切です。

範囲が決まったら、その中で、フェレットがその身体をすり抜けさせることができる、直径5センチ以上の小さな穴がないかを改めて確認しましょう。出入口だけではありません。押入のふすまや、テレビの裏など配線の集中しているところなど、近くにある全ての穴を確認して完全に塞いだら、次はよじ登れそうなところを探します。

おかしなことですが、フェレットは上の方へ登ることは大得意ですが、下に降りることは非常に苦手なのです。高低差をつかめないため、棚のうんと上からダイブして着地に失敗し、腰などを痛めてしまうフェレットは、実はとても多いのです。

そんな事故を防ぐためにも、高いところへ登らせてしまう足がかりは、なるべく排除しておきましょう。

2. 疑わしきを排除する

それから床。フェレットの死因で最も多いのは、実は腸閉塞です。食べ物以外の物を食べてしまい、消化できずに腸が詰まってしまうフェレットは後を絶ちません。誤食しやすいのは、形というよりも噛みごたえのある、スポンジやゴムのような物と言われています。こういったものがフェレットの遊ぶ場所に落ちていないように、ぜひよく確認をしてみてください。また、まさかと思うようなものでも、フェレットが食べ物ではない物をくわえていたら、それは次回から取り除いておいてあげましょう。

そのほか共通する怪我や事故の原因として多いのは、ソファや折りたたみのリクライニングチェアーの間に挟まれてしまうことです。フェレットを遊ばせている間は、常に彼らが今どこにいるかを把握して、ものを動かしたりする場合には慎重に行うよう心がけましょう。

敷物の上を歩く時も同様です。フェレットは、およそ潜れるところはどこにでも潜ろうとします。その結果、ついうっかり彼らを「踏んづけて」しまうことも少なくないのです。

本当なら、家具もなにも無いような部屋で、思いきり遊ばせてあげられるのが理想ですが、現在の住宅事情を考えると、なかなかそうもゆかないことと思います。フェレットと共存してゆくためには、人間側の努力も、相当必要であると言えるでしょう。

3. しつけも試みる

電化製品などのコードについては、ハムスターやウサギほどには心配しなくても良いかも知れませんが、中にはおもしろがってかじってしまう場合もあります。これを防ぐには、フェレットのいる部屋から配線をなくすか、手の届くところからは外してしまうことですが、あとは根気よく「かじってはいけない」ということをしつけるしかありません。対策として、フェレットの嫌がるにおいのする、Bitter Apple や Bitter Lime などのスプレーをコードに吹きかけてみましょう。

中にはまったく効果のないフェレットもいるようですが、大概は、このにおいで近寄らなくなります。これは、トイレの場所を矯正するのにも応用できます。スプレーをする際には、プラグに十分かからないように注意してください。漏電など、他の事故を呼ぶおそれがあります。

4. そのほか

女性に特に注意して欲しいことなのですが、ハンドクリームなどを使う場合、溶剤が完全に擦り込まれているかをよく確認しましょう。フェレットは、ご主人様の手を舐めるのが大好きですが、その際、手についたクリームを舐めてしまって、病気の原因になることもあるのです。

最近、観葉植物を部屋に置く人が増えていますが、ほとんどのフェレットは、鉢を掘り返すことが大好きです。野生のフェレットは巣を掘る動物だったので、ごく自然な行動といえるでしょう。しかし、掘るに任せていては、部屋は泥だらけで収拾がつきません。どう対策したら良いでしょうか。

一番なのは、その部屋から鉢植えを排除することなのですが、フェレットを遊ばせるからといって、いちいち大移動をするのは大変ですね。そこでフェレットにも植物にも安全な方法を提案したいと思います。

これは、床置きの大きめの鉢の場合ですが、土の見えている部分を、全て大きめの石で覆ってしまうのです。こうすれば、フェレットも土まで手が届かないため汚れませんし、なにより鉢自体が重くなって、ひっくり返される危険が減ります。美観も損ねませんから、ぜひ試してみてください。ただし、その石も、少しでも動かせることがフェレットにわかってしまうと…あとはご想像の通りでしょう。

鉢を掘ることは、部屋なりフェレットなりが汚れはしますが、それを食べてしまって危険、ということはありません。ただ例外として、ユリ科の観葉植物には毒があるので、その種の植物だけは、彼らの手の届く所には置かないようにしましょう。

5. 要注意の場所はまだある

万全の注意を払ったとしても、悪戯好きのフェレットたちの行動は、油断を許しません。もし部屋で姿を見失ったら、こんな場所を真っ先にチェックしてみてください。

フェレットは洗濯機や乾燥機、冷蔵庫の下や浴槽の下にに簡単に潜り込むことができます。そして、これらの場所には、致命的な大ケガにもつながる、プロペラやワイヤー、モーターなどの危険物がたくさんあります。洗濯機の下で感電したり、乾燥機に入りこんだり、冷蔵庫のモーターでケガをして、不幸にも命を落としてしまったフェレットは、決して少なくないのです。

フェレットを出しているといないとに関わらず、洗濯の前には、洗濯物や洗濯槽の中に、フェレットがいないことをもう一度確認しましょう。乾燥機についても同様です。フェレットは脱いである衣服や、洗濯カゴの中のような場所に潜って寝ることが大好きです。特に寒い冬には、暖かい乾燥機の中はフェレットにとって魅力的な場所になります。事故が起こってから後悔するのでは遅すぎるのです。くれぐれも注意しましょう。

時折、フェレットを放し飼いにしている方の話を聞くことがあります。あのやんちゃなフェレットのことですから、ケージに閉じこめてしまうのは可哀想、という気持ちは良くわかります。しかし、どんなに排除しても、危険はゼロにはなりません。フェレットを自由にさせるときには、本当にくれぐれも、その様子をちゃんと見ていてあげてください。そして、フェレットと一緒に、「何が危険で、何なら大丈夫か」ということを学んでゆきましょう。

PART 3

フェレットの生活

トイレのしつけをしてみよう

動物と一緒に暮らすのはとても楽しいことですが、もしその動物が、トイレを覚えてくれなかったらどうでしょう。ケージの中ならまだしも、部屋の外でもところ構わず…これでは、いくら可愛くても飼い主の悩みは尽きることがありません。

フェレットはトイレを覚える動物です。もともとの習性も手伝って、トイレは、場所を決めてほぼ同じ場所でするようになります。この性質をを利用して幼いときからしつけてやれば、たとえ部屋で散歩中でも、ちゃんとトイレに戻って排泄をするようになります。

フェレットは、目が覚めるとすぐに排泄をする習性を持っています。このタイミングを利用してトイレを覚えさせましょう。

まず、ケージから出して遊ばせる数分前にフェレットを起こします。そのまま、排泄をしようとしたらさっと持ち上げて、お尻をトイレにあてがってあげる、これだけです。はじめのうちこそ嫌がって外に出てしようとしますが、根気強くトイレにあてがってあげると、やがて自分からトイレに入るようになります。遊ばせる前に限らず、フェレットが起きたな、と思ったら、まずはトイレに連れて行ってあげるようにすれば、早く覚えられますよ。

また、どうしてもこちらが決めた場所でしてくれない時は、発想を転換しましょう。つまり、彼らの気に入った場所にトイレを移動してあげるのです。場所によって、ここはトイレにさせたくないという場合は、餌を食べるときの器や、ふだんくるまっている夕オルケットなどを置いてしまいましょう。フェレットはきれい好きなので、ふつうは寝場所や食べ物のあるところでは排泄をしません。

1. トイレの場所と形状

排泄する場所は、ケージでも部屋でも、大抵隅の方でします。ひょこひょことバックして、お尻が壁に当たると、お尻を持ち上げて排泄します。ですからトイレを設置する場合は、なるべく角になった場所を選びましょう。トイレの形状は、持ち上げたお尻がちゃんと当たる、背の高いタイプのものを選んで下さい。トイレを上手に使えない子は、その形状が身体に合っていないことが多いようです。体が入らなくて窮屈だったりすると、てきめんに嫌がりますので、トイレも身体の成長に合わせて使い分けるくらいが望ましいでしょう。

2. トイレを覚えさせるコツ

実は、トイレを覚えるというのは、場所やその形を覚えているわけではありません。自分の排泄物のにおいで区別しているのですね。ですから、新品のトイレ（あるいはトイレにする器）を使うときは、その子の排泄物を先に置いておいてあげると、よりわかりやすくなるでしょう。

まだ、覚えたかどうか怪しいうちのトイレは、「キレイすぎず、汚すぎず」で行きましょう。清潔なのは大歓迎ですが、あまりにきれいに洗ってしまって、トイレから臭いを完全に取ってしまうと、慣れないフェレットはそこがトイレだと言うことを忘れてしまいます。かといって、便が山になっている状態ですと、本来きれい好きのフェレットは嫌がって、他の場所にトイレを作ってしまいます。紙砂を使う場合、捨てる前に少しだけとっておいて、新しいものに混ぜてやると良いかもしれませんね。

ポイント3. 粗相はどうする?

教育の甲斐もなく、好き勝手に排泄しまくるフェレットも、中にはいます。これはもう、諦めるか根気よくしつけていくしかありません。トイレの場所を根気よく教えることももちろんですが、上手にできたときはおやつをあげたりして、よく誉めてあげましょう。トイレ以外で粗相をしてしまったら、その場所はお湯で拭き取って、消臭スプレーで臭いを消してしまいましょう。

また粗相には、ケージの広さも関係があるようです。あまりに広すぎると、トイレまで行くのが面倒でつい2階から排泄…などという事もあるようです。して欲しくないところは、先ほどのタオルクットの方法などでふさぎつつ、ある程度トイレを覚えるまでは、少し狭いケージで体に便がつくことを嫌がるような環境で教えるのも、ひとつの手かも知れません。

ウンチは常に観察しよう

　フェレットの健康を知る目安として、分かりやすいのが便です。たとえば外出をして疲れた時、他の動物（フェレット含む）と接した時、また普段食べなれないものや消化しにくいものを食べた時など、ちょっと普段と環境が変わるだけで、下痢をしてしまうフェレットは多いものです。また、ウイルスに感染している時や、細菌によって下痢を起こすもあります。また、トイレに入っても、便をしない状態（便秘）だと、誤食（腸閉塞）の可能性も出てきます。普段からよく便を観察し、変化がないかチェックするようにしましょう。

　下痢は、フェレットにとっては油断のならない症状です。ストレス性の下痢の場合は、たいてい2、3日で治まってしまいますが、これが餌を食べなくなったり、何日も続くようであれば要注意です。はっきりした原因もなく、劇的な体調の変化もなく、長期間下痢が続くようだと、寄生虫がいる可能性があるので、病院へ新鮮な便を持っていって、検査をしてもらうとよいでしょう。

　複数で飼っていると、「下痢をしている子がいるな」と思っても、どの子のものなのか特定できず、処置が遅れることがあります。排便の様子をできるだけ観察するとともに、ちょっと元気がないなと思う子がいたら、別のケージに移したり、あえてケージから出して便をさせるなどして、早めに発見・処置をするようにして下さい。

噛み癖をなおそう

フェレットは、身体こそ小さいものの、立派な牙を持つ肉食動物です。しつけをせず、手加減を覚えさせないと、人間の手なら平気で血が出てしまうほど強く噛むこともできます。フェレットを家族として迎える以上は、ぜひ噛み癖を直し、楽しく遊ぶことのできるパートナーに育てたいものです。

●噛む理由

フェレットが噛むことには、次のような要因が考えられます。

理由
1↓　歯が痒い
2↓　人間が怖い
3↓　噛みつきたい（特にベビーフェレット）
4↓　じゃれているつもりだが、加減ができない
5↓　お腹が空いているなど、何か言いたいことがある
6↓　新しい環境に戸惑っている

フェレットが噛むときは、それなりの理由があるものと考えましょう。なぜ噛みつくかを理解しようとせず、ただ体罰を与えてしまうと、彼らはあなたに懐かなくなってしまいます。触られるのに慣れていないフェレットを、人間がしつこく撫で回したりすれば、彼らは怖がって噛むかもしれません。また、遊び心から噛みつくことも、若いうちにはよくあることです。

新しく家に迎えたフェレットでも、だいたい1週間もしないうちに環境に慣れ、興奮から何でも噛む、ということはなくなってきますから、まずはフェレットを落ちつかせて、そこからしつけを初めていきましょう。

●噛まれ方と噛ませ方

フェレットの歯は、小さいけれどなかなか鋭いので、噛まれると相当痛いものです。特に犬歯は鋭いため、噛みつかれた時に、驚いてうかつに手を引っ込めると、意外に大きな傷になってしまうことがあります。もしきつく噛まれたら、無理に口から引っぱり出そうとせず、逆に口の奥に押し込んでみましょう。押し込んだ指を奥歯の間に入れ、開くようにしてひねると、すぐに外れます。

フェレットが強く噛むときは、まだ相手に対する加減を知らないということです。それを教えるためには、フェレットの上顎の犬歯に親指の爪をあて、下顎の犬歯があなたの皮膚に触れないように、斜めにして口に入れてみましょう。こうすると、フェレットが噛む強さを加減できます。また、歯が直接皮膚に食い込まないので、痛みを感じることもありません。この調子で、フェレットの顎が疲れるまで遊んでやると、「噛みたい病」のフェレットも、かなり満足することでしょう。

●噛まれたら効果的に叱る

次に叱り方です。まず、怪我をしないよう噛みつかれた指を外してから、なるべく間髪を入れずフェレットの首筋を掴み上げ、大きな声で注意をします。「ダメ」など、簡単で短い言葉で叱ることがポイントです。この時の言葉は、決めてしまって、常に統一しておくようにしてください。毎回違う言葉で叱ると、フェレットはなかなか覚えることができないでしょう。一回大きく叱ったら、その後で「だめでしょ、噛んでは」と、くどくどお説教をします。このお説教が、フェレットに「叱られている」ということを自覚させるようになるのです。

中には、叱られても自覚せず、かえってエキサイトしてきつく噛んでくるフェレットもいます。こんな時には、体罰を与えます。この場合は、首筋をつかんで持ち上げて、フェレットの目と目の間（眉間～おでこ）を人差し指ではじくのです。間違って、目に入らないように気をつけましょう。

道具を使う方法もあります。たとえば、ビターアップルや、ビターライムなど、フェレットが嫌いな苦みを感じるスプレーを手に塗って、先ほど述べたような方法でわざと噛ませるのです。こうすると、フェレットは「手に噛むこと」＝「苦い」と覚えるようになり、悪戯をしなくなっていきます。スプレーが手元にない場合は、

食品のわさびや辛子などを利用することも考えられますが、刺激物でもあり必要以上にフェレットに警戒心を与えてしまうかもしれないので、よく考えて行ってください。フェレットの反応を見て、スプレーが効かないようであれば使う、という方がよいでしょう。

また、味を感じさせずににフェレットを嫌がらせるのならば、アルミ箔を使うのも効果があります。少し厚めに手に巻いて、フェレットに差し出して見ましょう。誤って噛みついたフェレットは、後悔するに違いありません。ただし、注意しないとうっかり噛み切ったかけらを飲んでしまうことがあるので、それだけは要注意です。

いずれにせよ、叱る時はタイミングを逃さず迅速に、そして根気よく、というのがしつけにおいての絶対条件です。気長に、つきあってゆきましょう。

食品のわさびや辛子などを利用することも考えられますが、刺激物でもあり必要以上にフェレットに警戒心を与えてしまうかもしれないので、よく考えて行ってください。フェレットの反応を見て、スプレーが効かないようであれば使う、という方がよいでしょう。

また、味を感じさせずににフェレットを嫌がらせるのならば、アルミ箔を使うのも効果があります。少し厚めに手に巻いて、フェレットに差し出して見ましょう。誤って噛みついたフェレットは、後悔するに違いありません。ただし、注意しないとうっかり噛み切った8

グルーミングをしよう（1）シャンプー編

フェレットは、身体から皮脂を分泌し、毛皮に美しいつやと輝きをあたえています。シャンプーをするということは、身体を清潔にするとともに、この皮脂を奪ってしまうことにもなってしまいます。皮脂は皮膚の乾きを防ぎ、皮膚のコンディションを整えるのに必要不可欠なものなので、取りすぎると体の痒みなどが出てしまうので、注意が必要です。

フェレット自身が汚れてしまったり、においが少し気になる、という場合はシャンプーをしても構いませんが、あまり頻繁にするのはお薦めできません。目安としては、2週間に一度くらいにしておきましょう。もちろん、もっと期間をあけても大丈夫です。どちらにしても、「やりすぎ」にならないように気をつけてくださいね。

では、具体的なシャンプーの方法を説明していきましょう。

●シャンプー剤を選ぶ

フェレットのにおいが気になるという人は、シャンプーが効果的です。ただそ、フェレットは皮膚が敏感なので、シャンプー剤はきちんと専用のものを選んであげましょう。

一般に売られている犬猫用や人間用のシャンプーは、数回使う程度なら問題ないようですが、回数を重ねるうちに湿疹やかゆみなど、影響が出ることもあります。フェレット用として販売されているものは、きちんと研究されているものなので、安心して使うことができますが、泡が身体に残ったりすることのないように、よく注意して洗ってあげましょう。

お湯の準備

フェレットの中には、水を怖がる子もいれば、逆に大好きな子もいます。はじめてお風呂に入れる場合は、フェレットがこわがらないよう、少しずつ慣らしていってあげましょう。

浴槽を使える場合は、フェレットが立って顔が出せる程度の深さまで、ぬるま湯を張ってあげてください。温度は熱すぎても皮膚によくありませんし、ぬるくては風邪を引いてしまいます。人間が手を入れて、「少しぬるいかな」と感じる程度（38〜39度）が適温でしょう。

お湯が準備できたら、そっと浴槽に入れてあげて見てください。意外に気持ちよくてうっとりとしてしまう子や、はじめての感触に興奮してブルブルと身体をふるってしまう子など、いろいろな反応を見ることができると思います。

浴槽では、いくら浅く湯が張ってあっても、絶対に目を離さないこと。事故は思わぬところで起きるものですし、悪戯好きの子の中には、栓を抜いてしまう子もいます。

●シャンプーをする

浴槽につかっても、つからなくても、シャンプーの前にはまず十分に身体を濡らしてあげてください。そして、一円玉大のフェレット用シャンプーを、手の中で伸ばし、よく泡立てます。

肩口（首）、肩から手先、肩からお尻、お腹、最後に顔という順番で、毛の間にこもったにおいの素がとれるよう、よく揉んであげましょう。顔については、注意しながら拭う程度で十分です。最後に、お湯が耳に入らないように流してあげれば終了です。

リンスは特にする必要はありません。好みでしてあげてください。リンスインのシャンプーもありますが、トリミングの効果としては、別々の方が期待できるようです。やり方、順番ははシャンプーと同じです。シャンプーをしっかり洗い流した後、皮膚まで届くようにしっかり伸ばしましょう。

●ポイント

フェレットを怖がらせてしまうと、暴れて汚れや皮脂を充分に洗い落とせません。まずはお湯に慣らすことが大切です。人間用の浴槽でなくても、大きめの洗面器をフェレットの浴槽に見立て、そこで適度な温度の中でくつろがせてあげるようにすると、お湯に触れても暴れることが少なく済みます。

また、シャンプーをいきなりかけると、思わぬ冷たさに驚いてしまうので、お湯で暖めたり、よく泡立てて伸ばしてから使用しましょう。

洗っている間、フェレットがもがくようであれば、肩口を左右に揺すって頭を振ってやるとと、多少大人しくなります。しかし、はじめの内は、多少暴れることも覚悟して、シャンプーに臨んだ方が良いようです。

換毛期について

フェレットの毛は、春と秋に生え変わります。ちょっとずつ生え変わる子もいれば、ゴッソリ抜けて100円玉ぐらいのハゲがいくつも出来る子もいます。この時期は普通に暮らしてる間にもどんどん抜け落ちますから、ハンモックや餌入れに毛がたまってしまい、間違って吸い込んでむせてしまうこともしばしばです。

通常の生活では、ハンモックや床に落ちた毛をこまめに取ることですが、こんな時こそ、シャンプーをしてしまうと良いでしょう。あまりたびたびはできませんが、毛替わりが始まったら、お湯でよく流してあげてください。見違えるほどすっきりとすることでしょう。

グルーミングをしよう（2）爪切り編

「爪切りがうまくできない」「なかなか大人しくしてくれない」といった声を耳にすることがよくあります。こうした悩みを抱えるオーナーの中には、病院でやってもらっているという方も多いですね。今回は爪を切る場合のポイントと、フェレットにおとなしくしてもらうコツをご紹介しましょう。

●爪を切る時期と切る場所

フェレットの爪を見てみると、赤い部分と白い部分があることがわかります。赤い部分は、神経と血管が通っている場所です。その先の白い部分が伸びた爪、つまり切る部分になります。

切る目安は赤い部分の先端から2～3ミリのところ。これ以上短いと、フェレットにとっても負担が大きく、はさみを入れた瞬間驚いてしまいます。悪くすると出血してしまうこともあるので、少し余裕をもって切ってあげるようにしましょう。

ベビーの場合は、伸びたとしてもまだ十分な長さがあるわけではありませんから、先端の尖ったところを丸める程度にとどめましょう。

●爪切りは何を使うか

フェレットの爪切りには、専用のもののほか、犬用や猫用のはさみ型、ギロチン型、あるいは人間用のものを使います。どれでなければいけない、ということはありませんから、使いやすいものを選択すると良いでしょう。

ただし、さまざまな形の爪切りには、それで切るのに適した爪の形状というものがあります。たとえば人間用の爪切りは、平らな爪を切るたに設計されていいます。フェレットに使用する場合は、９０度傾けて、指と刃が垂直になるようにして切りましょう。人間と同じように、指と並行に刃先を当てると、爪が裂けてしまう場合がありますから、くれぐれも気を付けてくださいね。

●一人で切る場合

爪切りは、できればパートナーと一緒に行いたいものです。しかし、必ずしも相手がいない場合はどうすれば良いでしょうか?

フェレットは、実は前足と首の付け根の骨（肩胛骨の間）を押さえると、簡単に動きを制御することができます。しかも、押さえつける人間の手を嫌がって噛もうとしても、牙が届かない状態になります。

一人で爪を切る場合は、この首の骨の上に左手の親指を置き、人差し指と中指で前足をはさんでやると、安定した形を作ることができます。あわせて、フェレットの背中を自分のおなかに付けて安定させましょう。もし暴れ出してしまったら、首をつかんでぶらーんとぶら下げてあげると、おとなしくなります。

●二人で切る場合

パートナーがいて、二人で爪を切る場合は、一人がフェレットのホールド（保定）役になります。首の後ろ側を利き手で掴み、もう片方の手でお尻を支えてあげてください。フェレットが落ち着いた状態になったら、切る役の人は、すばやく手を持って、パチンと切ってあげましょう。

フェレットが驚いて暴れる場合は、首を掴んだままひとしきり自由にしてやると、疲れておとなしくなります。

●注意点

爪を切るときには、できるだけ速やかに行いましょう。切る場所を見定めて、慌てずに一瞬でカットするのが理想的です。肉球を下から押し上げてみると、手をキュッと丸めてくれるポイントがあります。ここをやさしくつまんであげると、爪切りがしやすくなりますよ。

また、爪切りの後、必ず誉めてご褒美をあげるようにすると、フェレッは爪切りを「良いこと」と認識するようになります。すると、自然に大人しくしてくれるようになります。

●深爪をしたら

間違って赤い部分を切ってしまうと、当然ながら出血します。切らないように気をつけることが一番ですが、もし切ってしまってなかなか血が止まらない場合は、先端の部分を線香で焼いてしまいましょう。火を使いますので、フェレットが余計なところを火傷したりしないよう、気をつけて行ってくださいね。もしもの場合のために、パウダー状の止血剤を用意しておいてもよいでしょう。

爪が伸びていると、思わぬところにひっかけて事故のもとにもなります。できれば、月に一度程度「グルーミングの日」を決めて、シャンプー、爪切り、体重測定などをしてしまうようにすると、良いでしょう。

散歩に連れて行こう

ハーネスとリードがあれば、フェレットは散歩に連れて行くこともできます。はじめはおっかなびっくりですが、持ち前の好奇心の強さですぐに外の世界を探検するようになります。注意点をいくつかあげておきますので、よく理解したうえで、フェレットに危険がないようにお散歩を楽しみましょう。

◆リードをつけよう

どんなに慣れたフェレットでも、いつも暮らしている部屋より外の世界（自然）に接した彼らは、どんな行動を取るか予想がつきません。突然逃げ出してしまったり、ほかの動物に向かっていったりしないよう、必ずハーネスとリードをつけるようにしましょう。

◆動物の排泄物にはなるべく近づけないにしよう

排泄物には、いろいろな病原菌が含まれていることがあります。フェレットは好奇心が旺盛なので、目新しい物があれば、近づいてにおいを嗅ごうとしますが、そうした行動が病気に感染してしまう原因にもなりかねません。彼らの行動をよく見て、必要な時は抱き上げたりして、避けるようにしましょう。

◆カラスや犬など、他の動物に気を付けよう

他の動物にとってフェレットは、まだまだ未知な動物です。興奮して（あるいは恐れて）危害を加えてくることもあるかもしれません。他の動物が近づいてきたら、まずあなたの方から先にフェレットを離れた場所へ連れて行く、もしくは抱き上げてしまいましょう。放して散歩していた犬に噛まれて大怪我をしたというフェレットは少なくないのです。

◆フェレットに近づいてくる人間に注意しよう

動物以上に、好奇心旺盛なのが人間です。フェレットの可愛い様子に、つい手を出してみようとする人も少なくないでしょう。しかし、普段は噛みグセのないフェレットでも、知らない人や知らない場所に興奮していれば、噛む場合もあります。念の為に「噛むかもしれません」ということを伝えて、了解を得たうえで触ってもらうようにしましょう。とくにフェレットを初めて見る、というような人の場合は要注意です。

外出するときの注意点は

フェレットを表に連れ出す場合、あの小さな身体で地面を歩かねばなりませんから、散歩をさせるならなるべく、危険の少ないところに連れていきたいものです。車通りの激しいところなどはもってのほか、なるべく、公園など広場があって、見通しの良い場所での散歩を心がけましょう。

しかし、手近にそういった場所がない、となれば、当然フェレットを連れて移動しなければなりません。肝心のお散歩の前に、そのマナーも復習しておきましょう。

散歩に限らず、病院へ連れて行くときなど、フェレットと一緒に電車やバスに乗ることがあると思います。こういう時は、まず周りの人に迷惑を掛けないようすることが最優先です。

まずは、持ち運びやすくて丈夫なキャリーを用意すること。バッグのなかからひょっこり顔を出すフェレットはとても愛らしいものですが、ある程度の時間じっとしていなければならない時には、それは論外です。長時間の移動の場合は、なるべく床が平らで、安定性のあるキャリーにいれてあげましょう。フェレットが落ちつけるように、ハンモックをセットしておくとさらに良いでしょう。フードを用意する必要はありませんが、ウォーターボトルだけは忘れずに取り付けてあげてください。
また、キャリーの上からかける、カバーのようなものを一緒に用意しておけば、不用意に中を覗かれてフェレットが興奮することも避けられますし、中でカリカリとキャリーをかく音がしても、ある程度遮ってくれます。また、においを表に漏らさないためにも役に立つでしょう。

動物のにおいは、自分よりも周りの人の方が気になるものです。万が一移動中に排泄してしまったら、速やかにふき取って処理できるように、トイレットペーパーのロールやウェットティッシュ、それらをまとめることのできるゴミ袋をぜひ持っていてください。そのままにしていては、フェレットにも不衛生です。

たとえ距離が短くても、外出はフェレットにとってはかなりの負担になります。上手な移動を心がけて、少しでもストレスがかからないように注意してあげましょう。

他のフェレットと対面させてみよう

さきほどは散歩についての注意点を述べましたが、オーナー歴が長くなってくると、友達同志やサークルの会合などで、他のフェレットと遊ぶ機会もあるでしょう。そのような時にも、いくつか注意しなければならない事があります。外出するときと重複する点もありますが、用心に越したことはありません。人間にもフェレットにも迷惑をかけないように、マナーを守って遊ばせるようにしましょう。

●フェレットの健康管理

フェレット同志で感染するものは、耳ダニ、風邪、ウイルス、ノミなどたくさんあります。もし感染させてしまったら、あるいは感染してしまったら……治療費を払えば済む、という問題ではありません。他のフェレットと会わせる前に、それぞれ自分のフェレットの健康状態をよく見て、ちょっとでも具合が悪かったり感染している疑いがあるのなら、無理に連れ出さないようにしましょう。

●予防接種、予防薬について

ジステンパー予防接種は受けていますか？　フィラリア予防の薬は飲ませていますか？　特にジステンパーは、感染したらほぼ１００％の確率で死亡してしまう危険な病気です。見た目が健康だから、元気だからといっても、まだ予防接種をしていない場合は、念のため他のフェレットと会わせるのはやめておきましょう。

●噛みグセ

噛みグセがある子は、あらかじめ「この子は噛みますよ」ということを告げておきましょう。これは人間に対してもフェレットに対しても同様です。フェレットを飼っているからといって、みんなが同じ考えではありません。「動物なんだから、噛むのは当たり前」と考える人もいれば、「飼っている以上、責任持ってしつけるべき」と考える人もいるのです。噛んでケガをさせてしまってから問題が起きないように、初めに注意した上で遊ばせましょう。

日頃噛みグセのない子でも、普段の環境と異なる場所では、興奮して噛む事がありますので、注意して下さい。

●ストレス

初めて他のフェレット（動物）と接した事で、ストレスを感じる場合があります。特に一頭で飼われている子のほとんどが、こうした場合下痢をしたり吐いたりします。いきなりたくさんのフェレットの中に入れず、少しずつ慣れさせていくようにしましょう。

フェレットは芸をする？

根気よく教えれば、フェレットもちゃんと「芸」をします。名前を覚えさせて、呼べば飛んでくるようにすることもできるのです。基本は、「同じ事の繰り返し」によって、行動の目的を理解させること。何度も何度も練習していくうちに、段々と思った通りのことをしてくれるようになりますよ。

◆「名前を覚えさせる」

名前を呼ぶたびに、フードやフェレットバイト（チューブ状のおやつ）など、ご褒美をあげましょう。だんだん、「名前＝おやつ」という構造が定着し、名前を呼ぶだけで飛んでくるようになります。

◆「ゴローン」

手で合図しながら、フェレットの体を半分ひっくり返して仰向けにします。もう一度「ゴローン」の掛け声と一緒に、同じ回転の方向で元に戻ったら、ご褒美！　慣れてきて、手の合図だけでできるようになれば、完成です。

◆「立っち」「歩く」

フェレットを二本足で立たせてみましょう。まずおやつを鼻の前にもっていきましょう。においにつられて追いかけてきたら、少しずつ上に誘導していきます。かけ声と手の動作で立つようになれば完璧です。そのまま、手を手前に引いて、二歩三歩と歩くようにすることもできます。

◆「お手」

基本は犬の「お手」と同じです。フェレットの前に座って、片手におやつを用意します。「お手」のかけ声でおやつをちらつかせ、興味が出てきたところで片手を前に出すことができればＯＫ。片手ずつお代わりができるようになるのは、少し難度が高いかもしれません。

◆「お座り」

「立っち」の逆です。「お座り」のかけ声で、おやつを目の前から床に移動させます。このとき、あなたの片手でフェレットの腰を抑えて、お座りの状態をつくってあげましょう。第一段階が終了したら、「伏せ」までトライしても良いでしょう。

PART 4
フードについて考えよう

フェレットはね こんな顔
してるけど
えへっ
肉食なのよね
体のためにも一番いいのは
新鮮なお水
&
フェレットフード
FERRET
知ってるかーい？
この世にはケーキとかアイスクリームとかドーナツとかあるんだよ～
焼きとりとビールもうまいぞー
たまに別のモン食いたいだろー
？
…というのは話だけにしておきましょう

フードについて、もう一度考えてみよう

フェレットに最適な餌は、と聞かれて、即答できますか――。

一般的に、フェレットにはフェレットフードもしくは高品質のキャットフードを与える、とされています。近年では、フェレットに限らずペットフードの研究は格段に進歩し、昔よりも安全で栄養価の高いものが数多く出回るようになってきました。

さて、最近はペットショップにも「フェレット（専用）フード」がたくさん並ぶようになりました。オーナーである私たちの選択肢も、以前よりぐっと増えてきたといっていいでしょう。

しかし、あなたが愛するフェレットのために選んだフードは、本当にフェレットにとって安全なものでしょうか？　この項では、フェレットフードだからといってやみくもに与えてしまうことから卒業し、「フェレットにとって何が一番必要か」を考えていきたいと思っています。

現在、さまざまな調査から、ドッグフードやキャットフードなどの家畜飼料の安全性に対して疑問を呈する声が挙がってきてます。中には粗悪品と言わざるを得ないものも、市場に出回っているのです。

●フードの心得

不勉強な店は、おかしなフードを平気で売ります。そんなものがダースで売っているのを見るとぞっとします。フード代が安くすんだと思っていると、そのうち医療費が何倍もかかるようになってしまうことも。よく考えて、フードは良いものを与えよう。

フェレットの食生活は、基本的にオーナーが選んだフードを食べるほかはありません。自力でエサを探すことのない、できないフェレットたちに対して、もしあなたが選択を間違えてしまった場合、フェレットは無力な被害者になってしまうのです。あなたの大切なフェレットの為に、改めてフードについてじっくり考えてみてください。

私は、皆さんと同じくフェレットを愛する者として、どういった観点からフードを選択する事がベストなのかを、もっと知って、考えていただけるような手助けしたいと思っています。そして、飼い主側の無知によってフェレットが不幸な目に遭ってしまうことを、少しでも減らしたいと願っています。どんなに愛情を持って接していても、情報が足りないために、知らず知らずのうちにフェレットを苦しめてしまっている場合が数多くあるのです。ですから、同じ過ちをもう繰り返さないためにも、この機会を通じて、皆さんに問題提起をしていきたいと思っています。

フードの実際をきちんと知り、フェレットにとって最良のフードをあなた自身の目で見つけましょう。なぜフェレットフードを選ぶのか、どういう時にキャットフードを選ぶかは、あなたとあなたのフェレットが決めてゆくのです。

●問い合わせ先

○**マーシャルフード**
BVJ／
03（3725）5848

○**8 in 1フード**
YKエンタープライズ／

○**トータリーフード**
IIS／
052（332）2753

フェレットに適したフードとは

●同じフェレットなのに、どうして？

私は仕事上、今までたくさんのフェレットを見て来ました。自分の店ではもちろん、他の店でも、個人で飼育されているものでも。そして、これだけ多くのフェレットを見てきてもいつも驚かされるのが、フェレットの生育状態の違いについてです。

確かに同じ種族、同じ動物であるにも関わらず、骨格や毛質にこれほど差が出るのはどういうことなのでしょう。もちろん繁殖場（ファーム）が関係した、遺伝的要素もあるでしょう。しかし興味深いのは、同腹の兄弟のはずなのに、育てられた環境により明らかな違いが出てきたりする場合です。

個人の方やブリーダーの方、あるいはメーカー関係者でも、私の育てているフェレットを見ると、その身体の大きさや骨格・毛質・毛づやに驚くことがままあります。この差はどこから訪れるのでしょうか。

●見逃すことのできないフードの役割

最近、獣医師との会話の中でよく耳にする話があります。「ここのところ、肝臓の悪いフェレットが多いねぇ、一匹や二匹じゃないからね」これは一人の獣医師だけの話ではありません。いくつもの動物病院で耳にする話です。また、その際の症状の特徴とは、

○毛づやが急激に悪くなる

○2~3歳以上である

○体重が激減する

といった傾向が強いようです。

これら肝臓を患ったフェレットをより詳しく検査し、血液を採取し調べてみると、血中内のたんぱく質、糖質、脂肪分が平均値よりも著しく低い値を示していました。

もちろん、こうした病気の原因が、即フードにある、とは言えません。しかし、身体の小さなフェレットたちにとって、日々口にするフードが、健康に多大な影響を与えるの事実です。市販品のなかには、内臓にダメージを与えかねない粗悪品もまだまだ多いという事実や、これらの身体を壊した患畜の中には、人間の食べ物を日常的に与えられているフェレットが多いということは知っておいて欲しい事実です。フェレットは、雑食の犬猫とちがい、あくまで肉食動

物です。そのことを念頭においた食生活を実践することが、健康への近道と言えるでしょう。

●フェレットはどんな餌を食べるのか

では、どんなエサがフェレットのためには良いのでしょうか。フェレットは、その牙が物語る通り、立派な肉食動物です。仲間であるイタチ科の動物は、住んでいる環境によりますが、自然界においては、おもにウサギや鳥、ねずみなどの小動物や、場所によっては魚を補食をしています。フェレットも、本来ならそうした食生活が望ましいと言えるでしょう。

ひとくちに「肉食」といっても、それは人間が食べるような加工肉のことではないのです。捉えた獲物を頭から尻尾まで丸ごと食べるのが、本来の肉食です。肉や内臓だけでなく、身体を覆っている毛や、筋肉をまとった骨でさえも一緒に食べることで、彼らはさまざまな栄養素を吸収しています。つまり、草食動物を捕食すれば、その胃袋に残っている草までも食べて、血肉にしていると言うわけです。

現実に、小動物を「丸ごと」与えることはかなり難しいことですが、フードを選んでいくときの目安として、「肉食」というキーワードをぜひ、覚えておきましょう。

●フェレットのからだ作りの特徴と食生活のサイクル

さて、肉食動物というのは一般的に草食動物と比べ腸が短くなっています。腸が短いということは、消化にかかる時間そのものも短いと言えます。フェレットならば、だいたい3～4時間ほどで食べたものを体外に排出すると考えてください。この時間内に、効果的に体内に栄養素が吸収されることが、フェレットには求められているのです。

また一方でフェレットは小食です。一度にたくさんの量を食べるのではなく、少しずつを何回かに分けて食べる習性があります。そして基本的には、必要以上には食べない性質を持っています。

●必要な栄養素

繊維質は、身体の構造上うまく消化する事ができないため、フェレットには向いていません。また繊維質の多いエサは、せっかく取り込んだたんぱく質と結びつてしまい、吸収を妨げるとされています。炭水化物も、多すぎると体内で分解する事ができません。フェレットには、できるだけ良質な動物性たんぱく質と脂肪をたくさん含んだものを食べさせる必要があります。

●フードの成分に要注意

フェレットフードは、犬や猫などのフードよりも高たんぱく質・高カロリーになっています。ただ、これらの基準値が満たされているからといって、それが即良いフードとは言い切れません。

植物性のたんぱく質や脂肪などがフェレットには向いていないにも関わらず、それらを混入する事によってたんぱく質や脂肪分のパーセンテージを上げて「フェレット用」としている場合は意外に多いのです。お店でフェレットフードを選ぶ時、成分表示を気にする人が多いのは非常に好ましいことですが、たんぱく質や脂肪分のパーセンテージが高いから…という理由だけでフード選びをしていませんか。本当にフェレットの健康を願うならば、成分だけではなく、原材料にまで目を向く必要があると言えるでしょう。

●フードの質は、原材料の質

たんぱく質や脂肪のパーセンテージがいくら高くとも、問題はその質にあります。たんぱく質は、動物性のものだけではありません。大豆、とうもろこし、落花生のカラ、小麦粉その他もろもろからも、「植物性」たんぱく質をプラスすることができるのです。しかし、考えてみてください。フェレットは肉食獣なのです。植物性のたんぱく質は、フェレットには向いていません。こういう理由から、原材料の第一項目が獣肉になっているものを選ぶ事をお勧めします。

また、使用されている肉の成分も疑う必要があります。フェレットフードに限りませんが、たとえば成分表に「チキンミートプロダクト（鶏の副産物）」という表示があった場合、それは鶏肉だけではなく、鶏のくちばしや足、時には糞尿や腫瘍までも含んでしまっていることがあり得ます。

あるいは、人間の食用としての安全基準値に達しなかった動物の肉が混入されている場合もあるでしょう。いわゆる「４Ｄミート」と言われる、病気や怪我、薬物残留など、さまざまな理由により、食用からはじかれた動物の再利用をしている場合があるのです。

こういったものを使う理由は、生産コストを下げたり、資源を再利用したりする点にあると言えるでしょう。フードの値段にも反映している場合もありますので、ひとつの目安として考えても良いでしょう。

こうした「質」が、高品位に保たれているフードを探し出すことが、飼い主のひとつの役目でもある、と私は考えます。

● ４Ｄミート
「食品不適格品」のこと。具体的には死亡したものの肉、死にかけていたものの肉、病気であるものの肉、負傷しているものの肉、の意味。

フードの成分について

ここからは、具体的なフードの成分について考えてみましょう。

フェレットのことを、もはや家族と同じように考えている皆さんは、当然のことながらフェレットにとって「一番良い」食事を望んでおられると思います。多くの場合、「フェレット用」と銘打たれた専用フードを与えていると思いますが、国産品、輸入品を含めいくつかの種類がある中で、何を基準に「わが家の食事」を決めているでしょうか。おそらく、パッケージに記された成分表示を頼りにされてはいませんか。

さて、フェレットがその体を維持するためには、良質な蛋白質を豊富に採らなければならないということは、既に述べてきました。

しかし、ひとくちに蛋白質と言っても、フードに使用される原材料は様々です。たとえば、フェレットには消化のできない落花生のカラや鶏のくちばしを原料にしても、蛋白質の比率を増やすことは可能なのです。これでは、いくら値が高くともフェレットにとっては意味がありません。また、大豆が成分として入っている場合にも注意が必要です。大豆は長時間かけなければ良質な蛋白源にはなりません。しかし、フェレットの腸は短く、消化の間隔も短いことはすでに述べてきました。また、時によって大豆はアレルギーを起こす原因にもなりますので、どちらかといえば気をつけた方が良い原料と言えるでしょう。

繊維が含まれている場合にも注意が必要です。繊維は、胃の中で蛋白質と結びついてしまうため、結果的に体内への吸収率が低下してしまうのです。

蛋白質は、体毛の成分の95％以上を占める栄養素です。体内に接種されると、まず骨、肉、血液に行き渡り、残りが毛を作るために使用されます。ということは、蛋白質が不足がちになると、まず毛づやが悪くなっていきます。ある意味で「目に見えやすい」栄養素ですから、ますますフェレットにとって「身になる」蛋白質を豊富に含んだフードを食べさせてあげたいものですね。

ちなみに、一部のフードの原材料として記載されている「チキンミートプロダクト（鶏の副産物）」とは、（鶏の）頭や足などのことを指しています。ドッグフードについて詳しい研究の載っている『DOG』によれば、ときに鶏の血液や尿などもこの「チキンミートプロダクト」に含まれるなど、見解は様々ですが、肉食動物は基本的に全食であることから、成分比率を高めるために、あえて糞尿などを原料に交ぜている場合もあるようです。フェレットフードの場合も、当てはまると考えて良いでしょう。

成長期に消化吸収しやすい蛋白質が足りなかったフェレットの場合、骨が細く、体格も小さく、毛づやも鈍く育ってしまう可能性が大いにあります。まるまると大きなフェレットに育てたい場合には、以上のことを考えて、蛋白質を効率よく接種する方法を考えると良いかも知れません。鶏の全卵を与えているオーナーの方も、中にはいるようです。

●原材料をきちんと読みとろう

まず注意しなければならないことは、ペットフードに関しては、成分表の書き方などについて、国から定められた「明確な規定」はないということなのです。業界の自主規制に任せられているのが現状ですが、通例として次のようなことはおおよそ決まっていると言えます。まず、原材料は書いてある順番からその使用料の多い順番になっています。だいたい5番目あたりまでに書かれているものが、原材料の大半を占めると考えて良いでしょう。フェレットフードにおいては、原材料の質の問題はあれど、鶏が使用されていることが、第一条件と考えればよいと思います。

●フェレットにはどんなフードが良いの?

フェレットには高たんぱく、高脂肪のフードが求められています。自信をもってお勧めできるフードは3種類ありますが、その他にも長期にわたる使用でも安全で、消化も良い良質なフードももちろんあります。あるいはエサを自分で作ってみたい人もいるでしょう。市販品も手作りをする場合も、共通して言えることは、タンパク質が原材料中の30%~40%を占め、脂肪分は20%程度に抑えられていること。着色料などは極力廃した、いわゆるナチュラルドライフードが適していると思われます。

フェレットに必要不可欠な2大栄養素	
たんぱく質	体の20%を占める構成成分で、非常に重要な栄養素です。体の各組織、ホルモンや酵素を作ります。消化吸収は胃の中の胃液で消化・分解され、腸でアミノ酸に、更に分解・吸収され体の各部分に送られます。窒素を含むさまざまな種類のアミノ酸を分解した後、肝臓などで体が必要とする他のたんぱく質に変えられます。しかし、成熟したフェレットは幼少時と比べそれほどたくさんの量を必要としないため、ほとんどは糖という形になりエネルギーに変換されて行きます。エネルギーに変換された場合、窒素を必要としないので余った窒素化合物は体外へ排出されることになります。この処理のために体はたくさんのエネルギーを必要とします。窒素化合物の中には有害ものも含まれているので体内から出そうと命令します。フェレットはたくさんのたんぱく質を必要としますから、多くの窒素化合物を排出させなくてはならず、体にかかる負担も大きくなります。
脂質	動物性と植物性があり、大切なエネルギー源となります。必要な時、脂肪細胞がホルモンに作用してエネルギーや熱として血液中に放出され、体の各部分に送られ、筋肉によって消費されていきます。植物性は糖質元としては優れています。コーン油、大豆油、カノーラオイル、小麦胚芽油、オリーブオイル、ごま油などさまざまあり、必須脂肪酸を始めビタミンA・Eを豊富に含んでいます。動物性は牛・豚・鳥・ひつじ他などがありますが、植物性に比べとても酸化しやすい性質を持っています。動物性脂肪は加熱・乾燥に弱く、劣化や腐敗が早まります。酸化した脂肪が体内に取り込まれると血中内の酸素の流れが妨げられたり、体の解毒作用を担っている肝臓に負担をかけたり、消化吸収が悪くなったり、ガンの一要因にもなります。その他にも多大な悪影響を及ぼします。大部分の食餌脂肪はトリグリセリドの形含まれています。他の栄養素と組み合わせで嗜好性を高めたり胃内容の排出を遅らせることで満腹感を持たせます。

添加物は本当に必要なの？

ペットフードの真実を知ろう

これまでは、フェレットに必要な栄養分について見てきました。次に、実際に食べさせているフードの中にも、確実に含まれている添加物の存在に注目してみましょう。

●ペットフードの世界基準

ペットフードには法律的な規制がないことは、先にも述べました。しかし、フード業者などの組織では、自主規制や安全基準を設けています。この代表としてよく耳にするのが、世界基準のAAFCO（以下アフコ）と呼ばれるものです。

アフコというのは、直訳すれば「人間以外の動物にとて栄養学的に適切な食事とは、特殊な正方により総合栄養食として与えられる様に合成されたものを指し、水分以外の補助物質を必要としなくても生命を維持し、なおかつエネルギー生産を保進させる能力のあるもの。」（『ペットフードはこうして選ぼう』より）となります。要するに、水と「これ」さえ食べておけば、ほかの食品に頼らなくても十分にやっていけるもの、ということになります。アフコは、犬、猫、牛、馬などあらゆる家畜について定められており、それぞれの動物にとって必要な栄養物質を、年齢ごとに割り出してしてあります。

残念ながら、フェレットにおいてはまだアフコ（あるいはそれに準ずる業界基準）は定められていません。しかし、アフコがあるからといって安心できないのもまた、ペットフードの実状なのです。

現に、ドッグ・キャットフードの世界では、紛らわしい表記を巧みにつかってごまかすメーカーも少なくないようです。

アフコには「給与試験」があり、これをパスしたものだけが「AAFCO給与試験合格品」の名を冠して販売することができるのですが、基準を満たしただけで、試験自体には合格していないものも多数あるのです。

アフコの試験は大変厳しく、長期に渡ります。まず、交尾前のオスメスに当該フードと水だけを与えます。交尾が成立して妊娠したら、その期間にももちろん与え続けます。無事出産を迎えたら、つぎは親子に渡って与え続け、子が成長を終えるまで見届けて、問題が無いかどうかを判定します。実際、この世界基準をにパスしているメーカーは、日本には3社しかないそうです。もちろんAAFCOの基準も完璧ではなく、さらに考慮しなければいけない問題はあります。しかし、そこまで安全性が確認されていることは大いに心強いと言えます。
　フェレットも、一部キャットフードを食餌に代用できるわけですから、この「給与試験合格」を目安にすることができますね。もちろん、「AAFCO基準にのっとって作りました」「AAFCOの承認を得ています」などという表記は、本当のアフコ商品ではないので、気をつけなければなりません。

●添加物とその影響

　世界基準があってもなかなか守りきれないなか、規制そのものが存在しないフェレットフードにおいては、誠実な製品を探すのは困難かつ大切なことです。犬用猫用を含め、ペットフードの中には、原材料の質の悪さを補うため、もしくは動物の嗜好性を高めるため、購買者の意欲をそそるために、着色料や着香料、酸化防止剤などを添加している製品がたくさんあります。これら添加物の多くは、動物たちの身体にとって有害なものばかりです。しかも、未だに規制がしかれていないため、人間の基準値よりもはるかに高い濃度で添加されている可能性もあるのです。または、人間の食品には添加することが禁じられている物質も、ペットフードではまだまだ使用されているのです。

　こう考えてはいかがでしょう。もし人間の赤ちゃんが風邪をひいたら、大人の飲む薬を、大人の飲む量のまま与えますか？　動物も同じです。人間よりはるかに身体の小さな犬、猫、フェレットなどにとっては、微量の添加物でも、健康に大きな影響が現れかねないということを、人間はもっと心に刻みこまなければならないと言えるでしょう。

●酸化防止剤における添加物の内容

もともとは枯葉剤の原材料として使用されていたエトキシキンは、発ガン性も認められ日本では食品添加物としては許可されていませんが、ペットフードに対しては、酸化防止剤として使用されています。同じく酸化防止剤として使用されているものに、ＢＨＡやＢＨＴがありますが、どちらも発ガン性や強い毒性が認められています。これらは、一部では使用が許可されていますが、含有量についての規制内での許可となります。

最近、フード表示の中に天然ビタミンＣやＥなどを見かけることがありますが、これらのビタミンは、実は酸化防止剤として使用されているのです。エトキシキン・ＢＨＡ、ＢＨＴなどに比べれば、はるかに安全な策と言えるでしょう。良質と考えられてきたあるフードにもＢＨＡが添加されていますが、長年の実績を考えましても、フェレットにとって安全な量を研究し心得ていると思われます。

●嗜好性を高めるために…着香料、着色料味付けの内容

ペットフードは、フェレットフードも含め、一般的には人間の食品よりもかなり薄味に作られています。食べた事のある人なら覚えがあると思いますが、たいていのものははあまり美味しいとはいえないしろものです。

しかし、人間が口にしても問題ない製品を作ろうという企業努力がなされている反面、ペットの嗜好性（食いつき）を高めるために、塩分や糖分を強くしている製品も見かけます。中には人間にも美味しく感じられてしまうほど味のついた製品も少なくありませんが、それが動物たちにとって良いか悪いかは、もうおわかりだと思います。

●着色料とは

見た感じを美しくするために、価格を安く抑えるために、製造を簡単にするために、そして何より原材料の質をごまかすために使われます。原材料のままの色でおいしく作られているのは少々値が張るようです。

●安全だと言われる味付けでさえ

塩分や糖分について考えてみましょう。糖分ですが、摂取過多によりビタミン・ミネラルの効果を妨げます。糖分はたんぱく質、ビタミン・ミネラルを供給しません。また、糖分が化学変化する時に硫酸、マグネシウム、ビタミンCと複合ビタミンB類を燃焼させるため、これらの栄養素が不足しがちになります。そして体重過多や神経過敏、糖尿病などを引き起こします。塩分過多も人間と同様、心臓・循環器系に悪影響を及ぼします。大型犬でさえ一日に必要な塩分はわずかに0．25gといわれ、干しぶどうひとつ分ほどなのです。

フードが原因でアレルギーが起きる？

さらに最近では犬・猫だけではなく、フェレットのアレルギーの話もよく聞くようになりました。近親交配による先天的なアレルギー傾向のあるフェレットもいたようですが、その点は現在では改善されているようです。

一方、最近では餌が原因と思われるアレルギー症状を持つフェレットが出てきています。そもそもアレルギーとは、本来害のない異物を敵と見なしてしまうために起こる免疫不全、拒絶反応の総称です。花粉症やアトピー、じんましん、喘息や鼻炎、炎症などさまざまです。

「殆ど全ての身体的疾患は、第一にあるいは第二に食物アレルギーと関連している」とアルフレッド・ジョイ・プレクナー獣医は言っています。後天的アレルギーの原因は不適切な食餌に原因ありとされ、現在では食物に含まれる化学物質に大きな問題があると言われています。ペットフードには添加物の種類や量などに規制がないため、ご丁寧に添加された大量の化学物質や薬品が多大な影響をペットたちに与えています。例え少量だとしても毎日少しずつ摂取し続けた場合、積もり積もってかなりの化学物質が体内に蓄積される事になります。

実際にはアレルギーを起こしている原因を特定する事は難しいのです。何故なら、フードや各食品・薬物・ハウスダスト・ノミ・ダニなどの食餌内容もしくは環境などにも起因する要素が強いのです。

アレルギーの主な症状

アナフィラキシーショック(薬物などによるショック症状)　皮膚の赤化、発疹、 低血圧、腹痛、発熱、嘔吐、下痢、心停止、じんましん、喘息、鼻炎、毛細血管の拡張、慢性関節リウマチ、他

アレルギーを引き起こすとされる添加物		
添加物	症状	添加されるもの
エトキシン	皮膚炎	ペットフード、ゴムの固定剤、除草剤
黄色4号	喘息、じんましん、鼻炎、結膜炎	ペットフード、菓子類、清涼飲料水、漬け物、魚肉練り製品
安息香酸	喘息、蕁麻疹	しょうゆ、マーガリン、水、キャビア、無炭酸の清涼飲料
亜硫酸ナトリウム	湿疹	ペットフード、乾燥果実、かんぴょう、ゼラチン

ビタミン、ミネラルは足りていますか？

フェレットのドライフードは、一応完全食を目指して作られています。しかし、ビタミンやミネラルの面においては、数字をを補う目的でほとんどが科学的に作られ、添加されている状態です。当然、天然のものに比べると吸収率も悪くなるため、こうしたフードを食べているフェレットは、慢性的にビタミン、ミネラル不足に陥りがちになります。

こうした事態を考慮して、各メーカーより様々な栄養補助食品が発売されています。どれも、フェレットたちが、必要な成分をより吸収しやすいように考えられてつくってありますので、ぜひ上手に利用したいものです。

ただし、これらの中には摂取過多により悪影響を与えるものもないとは言えません。別表で、犬猫におけるビタミンおよびミネラルの欠乏時の症状などをまとめましたが、フェレットに置き換えてみて、気にかかる事項があるようでしたら、ぜひかかりつけの獣医師やフェレットに詳しいショップなどで相談してみてください。

フェレットの場合は、まだビタミンなどによる効果が明らかになっておらず、詳しい研究が待たれているところです。

年齢、時期に応じて必要なミネラル群

フェレットも成長するにつれ、身体が必要とする成分が変化していきます。若年期と老齢期での違いをピックアップしました。自分のフェレットがいまどちらの時期にさしかかっているかによって、積極的に取り入れたい栄養素を考えてみましょう。フード選びの時の参考になれば幸いです。

◆成長期

ミネラルの重要性が高い時期です。この間に接種された栄養分は、急速に形成されていく細胞や骨の成長のために使われます。具体的にはカルシウム、りん、鉄、銅、マグネシウム、ヨード、コバルト、マンガン、亜鉛、ナトリウム、カリウム、クロームなど。

◆老齢期

年を取るにつれて、接種した栄養素を使用する利用率が低くなっていきます。注意点としては、循環器系や腎臓疾患を防ぐために、ナトリウムの接種をできるだけ控えましょう。また、老化による甲状線機能や免疫機能の低下に対して重要な働きをする亜鉛は、ほかの時期よりも多めに与えられるよう心がけたいものです。

ビタミン・ミネラルの欠乏とその症状		
	欠乏時	多く接種した場合
ビタミンA	結膜乾燥症、骨の形成異常、食欲不振、体重減少	欠乏症と同じ
ビタミンB群	食欲不振、皮膚の乾燥、貧血、脱水症状、けいれん	ないとされる
ナイアシン	下痢、食欲不振、貧血	ないとされる
パテント酸	食欲不振、低ブドウ糖血漿	ないとされる
フォリック酸	体重減少、貧血、舌炎	ないとされる
ビオチン	後肢の麻痺、貧血、食欲不振	ないとされる
コリン	肝機能の低下による貧血	下痢
ビタミンC	疲れやすい	ないとされる
ビタミンD	クル病、骨軟化症	食欲不振、下痢
ビタミンE	皮膚の乾燥、毛量の現象、発毛遅延	ないとされる
ビタミンK	血液の凝固作用	よほど大量に与えない限り無

<table>
<tr><th colspan="3">ミネラル類とその働き</th></tr>
<tr><td>カルシウム</td><td>骨の形成、クル病の予防、血液の成分
繁殖授乳期の筋肉や神経、心臓組織に重要
体液の主成分、心筋の働きを調整する</td><td>欠乏すると
骨折の危険性</td></tr>
<tr><td>リン</td><td>骨の形成、クル病の予防
歯の主成分</td><td rowspan="4">接種過多でカルシウム
欠乏症を誘発</td></tr>
<tr><td>カリウム</td><td rowspan="3">酸-基バランスを保つ</td></tr>
<tr><td>イオウ</td></tr>
<tr><td>塩素</td></tr>
<tr><td>ナトリウム</td><td>浸透圧調整
心臓調整</td><td>接種過多で心臓器疾患</td></tr>
<tr><td>銅</td><td>赤血球形成促進</td><td>欠乏により皮膚障害</td></tr>
<tr><td>ヨウ素</td><td>甲状腺機能の調整
成長促進</td><td>欠乏により甲状腺異常</td></tr>
<tr><td>鉄</td><td>赤血球を形成</td><td>欠乏により貧血</td></tr>
</table>

栄養補助食品を上手に利用しよう

フードの研究が進むとともに、フェレット専用の補助食品も各メーカーから販売されるようになってきました。飲み水に混ぜて与えるものや、チューブ（ジェル）状になっていて、直接フェレットに食べさせるものなど、形はさまざまです。例えばアメリカの8in1社からは、フェレットバイト（チューブ）、フェレットーン(リキッド)、バイタゾール（リキッド）と言った栄養補助製品を見かけます。代表的な商品ですから、用途に応じて上手に取り入れたいものです。

ただし、摂取量には十分気をつけながら、利用していきましょう。

【フェレットバイト】

カロリー補給剤です。病中・病後で食欲がない時や、おやつ用、あるいはしつけの御褒美として与えることができます。非常に甘い味がして、大抵のフェレットはこれに目がありません。ただし、高カロリーであること等をよく考え、量には気をつけて与えましょう。

【フェレットーン】

脂肪分を補給して皮脂を増やし、皮膚と毛艶を整える効果を生み出します。脂肪分の足りないフードを与え続けている時、皮膚が乾燥したり毛の艶が悪い時などに効果的でしょう。これも与え過ぎは良くありません。

【バイタゾール】

ビタミン補給剤です。ウォーターボトルに数滴落として、水に溶かして飲ませます。ビタミンの接種過多については、まだ研究途中ですので、これも定められた容量を守って、あまり多く与えすぎないように気をつけましょう。

フェレットにおやつは必要？

フェレットは、本来必要ではない栄養素が入っている食べ物でも、好んで欲しがったりします。キュウリやスイカ、カボチャなどの野菜類、バナナ、メロン、りんごや桃にみかん、梨などの果物類、またはドライフルーツ。時にはアルコールや、人間が食べるポテトチップやチョコレートなどのお菓子まで食べようとします。フェレットオーナーの中には、欲しがるからついつい…、とか食べる仕草が可愛いので…という方も、実は少なくないのではないでしょうか？

フェレットに対して、チョコレートやアルコールなどの刺激物を与えるのは愚行中の愚、論外です。まず、フェレットの体重と身体のしくみを考えてください。

あなたが仮に60キロの体重があるとしましょう。フェレットの体重は、平均して約1キロ。フェレットが欲しがるからと言って、塩分や糖分の強いお菓子を一口分あげたとします。あなたにとっては一口分のお菓子でも、フェレットにはざっと60倍の量になってしまうのです。もともと必要のない食べ物のうえ、塩分や糖分があっと言う間に摂取過多になってしまうことを考えると、人間のおやつをむやみに与えることは大変な危険を伴います。身体のためにならない、という意味では果物や野菜を与えるのも同じ事です。「ついつい」の一口が、病気や中毒を引き起こす原因となる事を知って下さい。

また、こうしたおやつの与え過ぎは、主食であるフードの食いつきをも圧迫し、食生活を乱すことにもなります。十分にフードを食べないことで、ひどくすると栄養失調にもなりかねません。

フェレットにとって与えてはいけないもの、与える必要のないものを十分に認識し、どうしても与えたい場合にはほんの少し、口を楽しませる程度にとどめましょう。

フェレットに与えてはいけないもの

身近にある食品のなかでも、特に気をつける必要のある食品をあげてみました。認識が曖昧なばかりに、食べさせてしまって、フェレットに辛い思いをさせてしまうのでは可哀想ですから、くれぐれも注意しましょう。

【チョコレート】

チョコレート内のテオブロミンという成分によって中毒を起こします。嘔吐、下痢、多尿、興奮、発熱、不静脈、運動失調、筋肉の痙攣、発作などの症状、腹痛、脱水、血尿、時には昏睡から死亡する事もあります。テオブロミンはチョコレートを始め、シロップや、コーラ、お茶にも含まれています。体重1ｋｇあたり致死量は250から500ｍｇといわれていますが、製菓用のチョコレートでは約20ｇから50ｇ含まれているようですから、一口でも危険ですね。

【ポテトチップ】

ポテトチップは、劣化した油脂分と添加物のおかげで、人間でも食べ過ぎを危険視される事もありますね。フェレットの場合は、塩分過多の方が心配です。目を離した隙に、袋を占領されないように気をつけましょう。

【ネギ類】

加工食品ではありませんが、野菜の中でもネギ類（万能ネギ・白ネギ・玉ネギ）は、中毒を引き起こすので特に注意が必要です。フェレットは、自分が興味をもったらとことんまで追いかけるような性質がありますから、こうした危険な食品とじゃれはじめたら、速やかに引き離して、目の届かないところへ保管してしまってください。

MEMO

PART 5
フェレットの健康管理

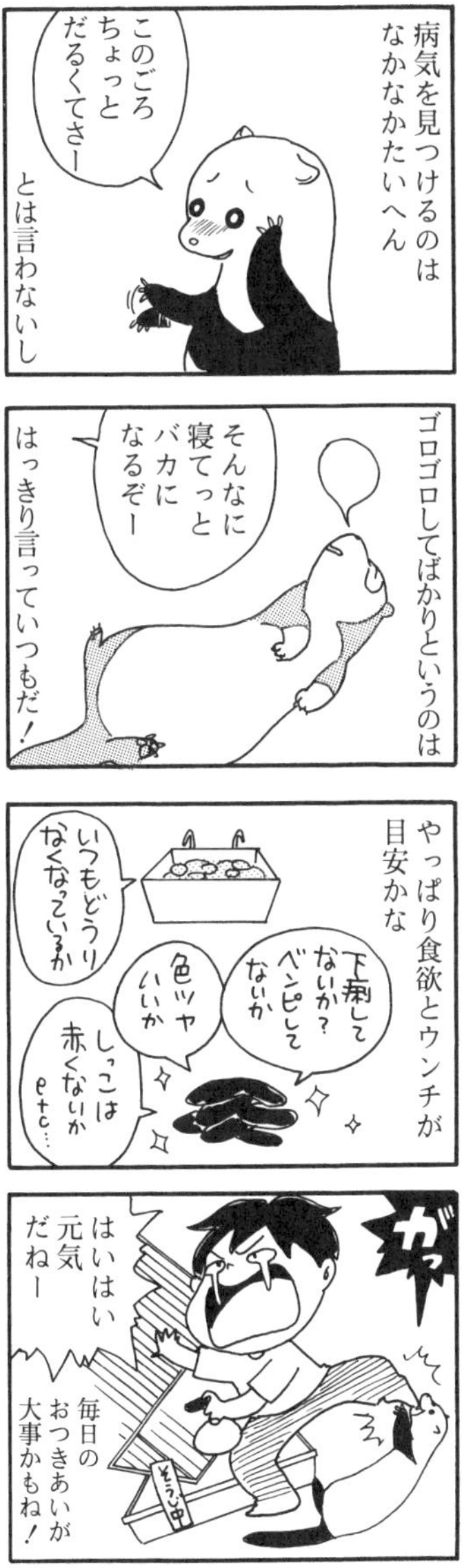

フェレットの病気について

フェレットの健康問題は、オーナーなら誰でも気になるところです。まずは、「フェレットだから」と、病気をことさらに怯えるのではなく、「フェレットも」、人間や犬猫と変わらない症状の病気にかかるということを認識しましょう。このことを知っておくだけで、普段のケアやいざというときの処置などで、慌てることがぐっと少なくなると思います。

フェレットと犬や猫（時には人間でさえも）は、種族が違うとはいえ、同じウィルスに感染し、同じ病名で診断され、同じ治療法で対処していく場合が多々あります。獣医師の先生方も、そのことは十分に承知していますから、たとえ相手がフェレットだからといって、特別な方法ばかりを探すことはありません。培ってきた犬や猫に対する知識を応用して、治療にあたってくれるのです。ただ、身体の大きさや仕組みなどにより、処方する薬の量が違ったり、成分が違ったりすることはあるでしょう。この微妙な判断こそが、フェレット治療のポイントであるとも言えますね。

たとえば腎臓疾患やダイエット。どちらもある程度年齢を重ねたフェレットには他人事ではない症状です。だからといって、フェレットの腎臓治療が特別か、ダイエット方法が特別かというと、そういうことは決してありません。どちらも、食餌内容に注意したり、運動量を増やしたり、私たち人間とも変わらない方法をとっていくのです。

まずは、フェレットがかかり得る病気を知り、次にはそれが何かの知識を応用して理解できないかどうかを考えてみましょう。残念ながら、フェレットの臨床例というのはまだまだ少ないのが現状です。ほとんどの病気や症状について、実は手探りの状態で最善の策を探しているといっても過言ではないのです。

だからこそ、オーナーであるみなさんたちが、フェレットの状況を良く理解し、次のフェレットたちへ、知識と経験をつないでいってあげましょう。「詳しい獣医さんがいない」と嘆く前に、小さなことを少しずつ積み重ねていく努力が、フェレットたちに幸福をもたらすと信じて。

病院を積極的に利用しよう

フェレットを迎えたら、まずは予防注射のために病院に連れて行きましょう。季節によっては、フィラリアの予防薬をもらう必要もありますね。病気にかかってから、怪我をしてから初めて病院にゆくのではなく、年間を通じて、定期的に健康診断を受けるためにでも、病院は積極的に利用したいものです。かかりつけの獣医師がいること、病院にカルテが残っていることが、大切な命をまもる助けになる可能性も十分にあります。フェレットの健康のために、季節ごとの通院をお薦めします。

●病院に行く前に

症状があるとないとに関わらず、フェレットを病院に連れて行く時には、心づもりしておかなければならないことがあります。それは、あなたのフェレットの状況を、医師に的確に説明しなければならない、ということです。健康診断だけで良いのか、なにかトラブルを抱えているのか、目に見えた症状はないが、便の様子がおかしい…など、できるだけ詳細に、的を射た説明ができるよう、病院にいく前は、いつにもましてフェレットをよく観察してみましょう。

◆フェレットの様子　…　どんな症状が、いつから続いているか。どういう風

◆食事 …………………… 何を食べさせていたのか、症状前後の食欲はどうか。

に様子が変わっていったのか

◆その他 ……………… 体重の変化や、便の様子など

日頃からフェレットをよく観察していれば、状況の変化はつかみやすいと思います。毎日詳細につけなくても良いので、フェレット用のノートをつくって、気づいたことは書き留めるようにすると、いざというときに比較ができて良いかも知れません。獣医師にとっても、そのフェレットの普段の様子を知ることができると、治療の大きな助けになりますね。

●病院では

医師に、フェレットの状況を伝えたら、まずは診察です。この問診の段階で、ある程度病気の名前や考えうる治療法、処置法が示される場合があります。その場合には、疑問がなくなるまできちんと質問をするように心がけましょう。

ここで納得がゆかなければ病院を替える、というのも選択肢のひとつです。ただ、その場合もやはり、どんな症状でどこの病院でどんな診断をうけて…ということは説明しなくてはなりません。その時のためにも、疑問はメモにとるくらいの気持ちで、先生の話を聞くようにしましょう。

セルフチェックの習慣をつけよう

獣医さんに見てもらわなくても出来る、簡単なメディカルチェックです。いざというとき、「普段はどんな様子だったっけ?」ということにならないように、日頃からチェックの結果は書き留めておくなりして覚えておきましょう。

◆チェック1「目」

目、そしてその周りを見てみてください。目やに、涙はありませんか?フェレットは、アトピー性のアレルギーや花粉症が出ることがあります。異常はありませんか?

◆チェック2「耳」

フェレットが元気で調子のいいときは、耳の穴が大きく開いています。逆に小さい時は、何らかの変調や、不満がある時です。元気に大きく開いていますか?

◆チェック3「ひげ」

フェレットの長いひげはとても魅力的です。ひげは短くありませんか？　ひげは蛋白質の集まりです。短く折れているようなら、一因として蛋白質が足りないことが考えられます。

◆チェック4「鼻」

少し湿めっているような感じが、理想的な健康状態の鼻です。カサカサ乾燥していたり、逆に水っぽかったり鼻水を出していたりしていませんか？

◆チェック5「歯」

口の中を見てみましょう。小さい頃は犬歯の横に、小さな歯が見えるかもしれません。乳歯と永久歯です。フェレットの歯は単独で生えています。犬歯等はまっすぐ生えていますか？　もし歯並びに異常が見えるなら、早めに処置をしましょう。

◆チェック6「爪」

爪は伸びていませんか？　長い爪はケガのもとです。伸びていたら切ってあげましょう。爪は地面と常に接している個所なので、異常はないか、普段から注意して見ておきましょう。

●フェレットの歯について

噛みグセが激しいからといって、絶対に歯を削ったり折ったりしてはいけません。そんなことをすると、歯髄炎などになって、顎から削らなければならなくなるかもしれません。フェレットはイタチ科の動物なので、ネズミの仲間のように、削ってもまた生えては来ないのです。２０００年現在でも、身体を折るひどい獣医やペットショップが実際にいるのです。どんな理由を言おうとも身体を折ってはいけません。もしこのような処置をされたら訴えてやろう。

◆チェック7「皮膚」

深い毛をかき分けて皮膚を見てみましょう。腫れ、かさぶた、ノミなどの寄生虫、腫瘍はないかどうかです。何頭かフェレットがいる場合、互いをかみ合うことによって、首筋などに赤いかさぶたが出来る事もありますが、これは何の問題もありません。

大人になるとガンが出てくるかもしれません。老齢のフェレットは特に注意するようにしましょう。

◆チェック8「お腹」

お腹を軽く摘んで、腸の様子を想像してみてみましょう。あばらから足の付け根までが腸です。すんなりつかめますか？　普段から触診をして感覚を覚えていれば、便秘や異物などが入った場合、すぐに違いを感じられます。

◆チェック9「お尻」

肛門の周りは汚れていませんか？　もし汚れているのなら、下痢をしているかもしれません。排泄物に注意して下さい。

◆チェック10「便」

最後に食べた物の排泄物を見ることで、異物を食べていないか、健康であるかなどが分かります。体内に何か異常があれば、便にも影響が出てきます。普段から便の観察は怠らないようにしましょう。普段と違うなら、体調に変化があるのかもしれません。堅さ、色、臭いに注意して下さい。緑、黄色、赤、黄土色等の便が出るのなら、獣医さんに相談しましょう。

どんな知識を持った獣医さんよりも、いつも接している飼い主の皆さんの方が、少しの変化にも敏感でいられるはずなのです。ここでは10個のチェック項目を挙げましたが、ほかにも「歩き方はおかしくないか」「毛が不自然に抜けていないか」など、自分で増やしていってもいいですね。

フェレットとジステンパーと予防接種

フェレットにとって、もっとも注意すべき病気のひとつが、ジステンパーです。感染すると神経系を冒すなどさまざまな症状が出てくるウィルスで、患畜を確実に死にいたらしめる威力を持っています。日本でも、屋外では珍しくないウィルスですから、抵抗力がないときには、フェレットを外に連れ出すことはお勧めできません。

●対処の方法

ひとたび感染してしまったら、もう治療の見込みは全くない、と言い切ってしまえるほど致死率の高い病気です。そのため、あらかじめ予防接種を行うことで、感染の危機を回避するしか具体的な対処はないと言えます。しかし、残念ながら日本では、フェレット用として認可されたジステンパーワクチンはまだないのです。

そこで各獣医科では、日本でも容易に入手できる、犬用ジステンパーワクチンを代用することにしています。もともとフェレットは、犬用ジステンパーワクチンを開発する際の実験動物だった経緯がありますから、ワクチン自体をフェレットに打つことは間違いではないといえるでしょう。

ただ、このワクチンはあくまで犬用のため、フェレットに接種することは製薬会社の保証するところではないとされています。ワクチンにもいくつか種類がありますから、医師より説明を十分に受けて、接種の判断をしてください。

●ワクチンを受けるには

ワクチンは動物病院で、きちんと説明を受けたのち接種してもらいましょう。

タイミングとしては、生後２ヶ月半頃（体重約４００ｇ頃）で１度、その後１ヶ月でもう一度打つことになります。翌年からは年１度ずつで良いとされています。生まれた直後に打たないのは、生後間もないベビーには、母子移行抗体があるとされているからです。

抵抗力が落ちてきた頃を見計らって、追加追加で接種していく、と考えれば良いでしょう。

●ワクチンを使う理由

日本では、まだフェレット専用として認可されたワクチンがないため仕方ないのですが、フェレットに犬用ワクチンを接種することは、獣医師によるワクチンの「適応外使用」という判断になります。

予防接種とは、ジステンパーウィルスに感染しないように抵抗力を強める目的に行われるもので、死んだジステンパーのウィルスを体内に接種して、免疫抗体を生成します。

ジステンパーワクチンそのものについても製造方法がいくつもありますし、まさにその製造の仕方によって、フェレットに対する有効無効が左右されるとの議論もあります。さらに、「大きな犬に対して接種する量とフェレットに接種する量は同じだろうか？　もしそうならその理由は何なのか」「犬用の予防ワクチンはいくつか目的の異なるものが混合されているが、フェレットに接種する場合、ジステンパー以外のワクチンは必要なのか、不必要なのか？」と、議論は尽きることがありません。

一日も早く、日本国内でフェレットが安全に接種できる認可ワクチンが出来ることを期待してやみません。

●どんなワクチンが良いのか

選択肢の一つとして紹介できるのが、京都微研３種混合ワクチンです。このワクチンを９６年から使用している静岡県の早馬動物病院では、フェレットの血液中の抗体価を製薬会社とともに繰り返し調べた結果、接種した個体ののジステンパーに対する抗体価は、十分に出来ているという実験結果を入手しています。

このように実績の伴った薬品は、使用するにあたっても安心して任せることができますね。気になる安全性についてはどうでしょうか。臨床として事故例が報告されているのは確かですが、少なくともこの早馬動物病院においては報告はあがっていません。

●接種後の注意

ワクチンに対してアレルギー反応など起こすフェレットはまれにいます。こればかりは事前に察知することができませんから、接種して30分程度は病院の側で待機してフェレットの様子を見ておくと安心です。もちろん、様子がおかしければ即獣医さんに駆け込める体制でいましょう。

特に問題のないフェレットでも、接種当日は安静にさせてあげましょう。また、抗体はすぐにできるものではなく、接種してから1カ月後程度かけて出来上がるという話も有りますので、用心のためにも、接種後すぐに散歩等へ連れ歩いたりしないことをお勧めします。

フィラリア

犬の病気として有名な病気ですが、フェレットも感染します。

この病気は、寄生虫（フィラリア原虫）が体内に寄生することによって起こされるもので、蚊によって感染が広がります。具体的には、フィラリアに感染している犬の血を吸った蚊が、フェレットの血を吸う際にうつるのです。寄生虫は肺や心臓に寄生して、呼吸器障害や血行障害、心不全などを引き起こします。犬の場合と違い、体の小さいフェレットの治療は困難なので、予防が大切になってきます。

予防法として、蚊のいる時期（東京近郊の場合、5～11月ぐらい）に、月に一度薬を飲ませます。この時、初めて予防薬を飲ませる個体や、前年の薬を最後まで飲みきらなかった個体の場合は、用心のためには血液検査をし、すでに寄生虫がいないかどうかを確認した方が良いでしょう。フィラリア原虫がすでに体内に寄生してる状態で薬を処方すると、原虫は薬で死にますが、その時に毒を発するので、フェレットがショックで死んでしまうこともあるのです。フェレットは体が小さいので、その分ダメージが大きいと言えるでしょう。

血液検査自体、フェレットにとっては負担の大きいものになりますから、もらった薬はきちんと飲みきり、翌年に持ち越さないよう、オーナーの皆さんの注意も必要となります。

下痢をしたときは？

フェレットは、比較的よく下痢をします。その原因はさまざまで、先天的にお腹の弱い子もいれば、ウィルスや細菌によって引き起こされる悪質な場合があったり、あるいはフードを急に変更した、いつもより水を多く飲んだなどの単純な理由や、ストレス、体調不良（腸内酵素の異常）のせいだったり、ありとあらゆる場合でお腹を壊すといってもいいでしょう。

ウィルスや細菌による下痢の場合は病院での治療が必要になりますが、それ以外の場合は、いつのまにか治っているこも少なくありません。だからといって安心してしまって、手遅れになってはいけません。目安として次のような点に注意し、あてはまるようであれば病院に連れて行くようにしましょう。

◆2日以上長く続く
◆嘔吐を伴う
◆急激に体重が減少する
◆餌を食べない、水を飲まない
◆ひたすら寝ている

下痢をした時は、まず便の色が変わります。通常の黒～こげ茶の健康的な色から、赤、黄土色、緑になったりしますが、この緑色のものは、便と一緒に腸の壁がはがれてきたもので、下痢の際にはたびたび目にするでしょう。

下痢をした時には、栄養失調と脱水症状に気をつけなければいけません。少しでも吸収しやすいように、餌をぬるま湯でふやかしてあげたり、カロリーを補給するために、フェレットバイトなどをあげるとよいでしょう。また普通の水を飲まないようであれば、幼児用ポカリスエットなどの飲料を少しずつあげても良いと思います。

●下痢の原因

疑わしい原因はこんなにあります。

◆腐ったもの、変わったもの、食べなれていない物（人間用の牛乳、いつもと違う餌等）を食べた
◆寄生虫（コクシジウム、回虫、十二陽虫、条虫、など）の可能性
◆環境の変化などによるストレス・疲れ
◆慢性の下痢

たとえば、一頭だけで飼われていたフェレットのところに新しいフェレットが入ってくると、古参フェレットが下痢を起こす場合が多くあります。食欲不振や嘔吐

を伴うこともあります。これは、ストレスと雑菌性の典型的な下痢の例といえます。放っておいても治ることもありますが、この場合も先述のことに注意し、必要であれば獣医師に相談しましょう。

寄生虫がいる場合は、慢性的に下痢が続いたり、吐いたりする事があります。これらは虫下しで出さなければなりません。ペットショップからきた時からすでに持っている場合がありますので、迎えたらなるべく早めに健康診断に行き、確認をしてください。

寄生虫は糞から感染する事が多いので、他のフェレットや動物と接触した後や、散歩の後などに下痢が続くようであれば、早急に病院に行きましょう。

腸閉塞

フェレットに多い事故として、誤食の問題は避けることができません。誤食が恐いのは、消化できない異物を飲みこんでしまい、腸を詰まらせてしまうフェレットが後を絶たないところにあります。

つい気がつくのが遅れて、長いあいだ異物が腸の中で詰まったままでいると、血の巡りが悪くなり、最後には腸壁が破れて、死んでしまうこともあります。

ごく小さいものであれば、吐き出したり便と一緒に出てくる事もありますが、大きいものや溶けないものの場合だと、手術をして取り除かなければなりません。また、飲みこんだものが堅く尖っている場合には、消化器官や腸を傷つけてしまう危険があります。

目に見える症状は、まず食欲不振。次に嘔吐（嘔吐行動も含む）、便秘などです。処置は早ければ早いほど良いので、おかしいな、と思ったらすぐに病院に行くようにしましょう。

このような事故を防ぐためにも、フェレットを部屋で遊ばせる時などは充分に注意し、食べてしまう危険があるようなものを、あらかじめ取り除いておくように心がけましょう。

結石

　体内の不要な成分が固まって石化し、尿道に詰まってしまう状態です。尿の出が悪い、量の割に回数が多いなどの排尿障害を発見したら、結石の存在を疑いましょう。ひどくなると尿が出ず、体内に毒素となって逆戻りして、48時間以内に死亡もあり得るという尿毒症を引き起こしてしまいます。

　フェレットにできる結石は、アルカリ性と言われています。ですから、体内を酸性に保つことで、成分を中和することが予防策となります。具体的には、フェレットに適度な空腹時間を与えること。これによって、体は酸性に傾きます。ほかには、ビタミンCを摂ることで予防が可能と言われています。

　それでも結石ができてしまったときの治療法は、石が大きい場合は、開腹しての外科手術になります。もっと小さい場合には、アスコルピン酸（ビタミンC）を与えて、溶かしてしまうこともあります。

　フェレットの給餌時間については様々な意見がありますが、程度を越えて空腹感を与えてしまうと、こんどは誤食が心配になります。ケージから出して遊ばせるときなど、目配りできる時間を空腹タイムと決めて、メリハリのある生活をこころがけましょう。

　また、ウォーターボトルに新鮮な水をたっぷりと用意して、水分で押し流すのもひとつの方法です。

風邪・インフルエンザ

フェレットも、人間と同じように風邪をひいたりインフルエンザにかかったりします。

特にインフルエンザは、人間と同じタイプのものに感染してしまうので、注意が必要です。人間が感染させてしまう場合もあれば、逆にフェレットからウィルスをもらってしまう場合もあるわけですね。

もし飼い主であるあなたや同居している家族の誰かが罹患したら、なるべくフェレットとの接触を断ち、世話を誰かに代わってもらったり、預かってもらったりして、フェレットにうつしてしまわないよう気をつけましょう。

症状は人間と変わりらず、くしゃみ、鼻水、発熱、食欲不振などですが、人間用の薬を与えてはいけません。早めに治療をすれば、ほとんどの場合一週間前後で治りますから、獣医のもとで適切な処置を受けるようにしてください。特に、鼻水が続くと、鼻の軟骨が変形してしまうような思わぬ弊害が生まれることもあります。人間の風邪程度に軽く考えないことです。

まれに、抵抗力のない幼いフェレットがインフルエンザに感染すると、死んでしまうこともありますので、ベビーを育てている人は、重ねて注意するようにしましょう。

ハウスダスト・埃アレルギー

フェレットの鼻は敏感です。トイレ砂のわずかな塵にも反応して、くしゃみを繰り返すことがあります。注意深く見守ってみてください。くしゃみが不自然に連続したりしていませんか？　鼻が、湿った状態から鼻水の状態になっていませんか？

フェレットのアレルギーは、意外に多く報告されている症例です。原因は今述べた紙砂や、抜け落ちた自分の体毛、それからハウスダストなど。もしも目や鼻に症状がでていたら、早急に対応してあげましょう。


フェレットを部屋に放す前には、さっとホコリをとって、空気も入れ換えてあげたいものです。また、フェレットの大好きな部屋の隅や家具の隙間も、掃除機からは死角に入っていたりします。表に出てきたフェレットのヒゲに綿ボコリがついていた…では可哀想ですから、気づいたときに掃除を徹底するようにしましょう。

人間にとってはとるにたらないホコリでも、フェレットにとっては大変な迷惑です。また、掃除が行き届くことで、部屋のなかの危険物に気づく確率も高くなります。面倒でも、フェレットのためにこまめに掃除をしてあげましょう。

歯について

フェレットは、肉食獣らしく立派な犬歯を持っています。げっ歯目のウサギやハムスターと違い、どんどん伸びてくるものではありませんから、生えた歯を大切にしてあげることが必要です。

●歯髄炎に注意

「噛むと痛いから」「また生えてくるから」など、無茶な理由で牙を折られてしまうフェレットがいます。あるいは、遊んでいる途中に激突などして、犬歯が折れてしまうケースもあります。そうした場合、折れたあとの歯の状態によっては、かなりの確率で「歯髄炎」になってしまいますから、注意が必要です。折れた歯の中心に、茶色い点が見えていますか？　その茶色い点が、歯髄の一端になります。バイ菌などが入って炎症を起こしてしまうのが、歯髄炎です。

この歯髄炎になると、まずあごが腫れて口臭がきつくなります。悪化するとあごに膿が溜まってしまい、おたふくのように顔が腫れてしまいます。

治療は、抗生物質で炎症を抑えることが多いようですが、ひどくなると抜歯しなければならない場合もあります。また、そこまで悪化する前に、歯髄を抜いてしまって、歯をコーティングする方法もあるようです。

治療・処置の仕方については病院によって異なりますから、抜歯してよいのか、残したいのかなど、意思を明確にしてから、担当獣医師とよく相談して下さい。

フェレットのあごの骨はとても薄いもので、大きな牙と詰まって生えている歯によって支えられています。その大事な柱である牙を抜いてしまうということは、フェレットにとってもダメージが大きいのものです。慎重に対応しましょう。

●フェレットの歯は永久歯

繰り返しますが、フェレットはげっ歯目ではありません。乳歯が抜けたら、人間と同じように永久歯が生え、それを一生使っていく動物です。人間に慣れていない時こそ、鋭い歯を立てて噛みついてくることもありますが、しつけをすることでフェレットはきちんと甘噛みを覚えます。

心ないショップでは、牙を折るためのニッパーとヤスリを、フェレットとセットにして売っていることもあるそうですが、そのようなことは決して信じず、かけがえのない歯を大切にしてあげてくださいね。

耳ダニと耳の手入れ

掃除してもすぐに耳が汚くなったりするようなら、耳ダニがいるかもしれません。耳ダニ自体はは小さな虫なので肉眼で見ることは出来ませんが、耳ダニがいると激しくかゆがります。不快なかゆみをとってあげて、心地よい生活を送らせてあげましょう。

●耳掃除の必要性

フェレットの耳は、耳ダニがいてもいなくて、こまめに掃除する必要があります。耳垢がたまると、耳ダニや細菌が入りやすくなり、フェレットに悪影響を与えやすくなります。また、悪くすると中耳炎、外耳炎の原因ともなりますので、いつも清潔にしておきましょう。

また、耳ダニは他のフェレットにうつりやすいので、複数で飼っている場合は、早急に、徹底的に対処してしまいましょう。耳掃除には綿棒を使いますが、その際にイヤークリーナーを用いましょう。乾いた綿棒で掃除をすると、耳の中を傷つけてしまうことがあります。

もし、掻きすぎて傷になってしまったり、垢がグチュグチュして水っぽい時などは、獣医師の処置を受けるようにして下さい。

●イヤークリーナーの使用方法

耳の穴にイヤークリーナーの先を入れ、数滴落とします。人さし指で耳の穴をふさぎながら液が奥に入るように、少し揉んであげましょう。その後、綿棒で目に見える部分の液体と耳垢をぬぐい去ります。最後に、耳の周りをティッシュペーパーできれいにふき取ってあげれば、作業終了です。

●注意点

▼耳の中に綿棒を入れると、ほとんどのフェレットは嫌がってもがきます。慣れないうちは奥まで綿棒を入れず、ティッシュペーパーで拭くだけにとどめておきましょう。

▼多頭飼いをしていると、よく耳を舐め合います。とくに、クリーナーなど目新しいものににおいがするときは、好奇心から活発に舐めるようになります。弱い薬とはえ、服用するためのものではありませんから、仕上げ時はできるだけきれいにふき取りましょう。

脱肛は慌てず騒がず迅速に

初めて脱肛した状態を見た人のなかには、「お尻から赤いものが出てるっ！」と驚かれた方もいらっしゃると思います。この、肛門から腸が少し裏返って出てしまう状態を、脱肛といいます。

放っておいて治ってしまうこともありますが、癖になってしまうことがありますので、注意しましょう。

●なぜ脱肛するのか？

フェレットは、生後間もない頃に肛門の横から肛門線という物を取り除く手術を受けています。この手術跡が、成長するつれて「あるべき物がない分の緩み」となり、腸の先端を押し出しやすくしてフェレットの脱肛常習者を増やしているようです。

普通ならこの緩みは、周囲の筋肉が発達して成長と共におさまっていくため、大きな問題にはなりません。それが、下痢を患ったりして極度の力みをかけることによって脱肛してしまうがあるようです。こうした脱肛対策には、まず下痢を治し、治まったら優しく押し込んであげるようにしましょう。

あまりにひどく腸が出てしまい、かつ自力で戻せないようであれば、早急に病院へ連れて行きましょう。悪化しなければ重大なものではないので、まず落ち着いて対処しましょう。

● 処置

犬や猫での脱肛、脱腸はよくあることですので、たいていの獣医なら、ノウハウを応用して処置をしてくれるでしょう。

フェレットは基本的に脱肛しやすい動物ですが、患部が悪化して病院に連れていく際には、必要以上に触ったりせず、うっかり傷をつけてばい菌が入ったりしないように気をつけましょう。

獣医師と相談をしつつ、様子を見ながら時間をかけて処置していきますが、デリケートな場所のため、患畜本人も興奮しやすいことが多いようです。他のフェレットが近くにいるようであれば別々にして、できるだけ興奮しないような環境を作りましょう。

出てきている患部が、いよいよ鬱血して腫れてしまっているようなら、その腫れをとることが重要です。根気のいる作業ですが、だいたい3~4ヶ月の間毎日消毒を続ければ、いつのまにか治ってしまうと思います。

まれに悪化すると手術をする事があります。肛門を縫って、押し込んだ腸が出ないようにする方法が一般的です。

ECE

フェレットには謎の伝染性下痢（ECE）という症状があります。ウィルスのように感染して広がっていく下痢ですが、残念ながらこの原因を特定する事が出来ておらず、治療する直接的な方法も見つかっていないのが現状です。下痢の症状がでてくる病気の中で、下痢を引き起こす病気を消去法で調べていった時に、当てはまる病気がなかったためですが、ある条件下で感染したフェレットから増えていくという性質から、ウィルスが原因だと考えられるため、グリーンウィルスと名付けられています。

このウィルス、感染率は95％で、致死率は5％とされています。感染率が非常に高く、症状も長引くことが多いため、目下対処の方法が懸命に研究されているところです。

分かっているのは、下痢の症状が伝染すること、緑色の便が出るということだけ。もし複数のフェレットの中に、ECEキャリアのフェレットがいれば、他の全員にもほぼ確実に感染してしまいます。それほど感染率は高く、また、患者のフェレットと接している人間が、菌を持ってきてしまう事もあるようです。

つまり、感染する経路としては、第一に他の家のフェレット（キャリア）との接触、第二にペットショップでのフェレット（キャリア）との接触などが考えられるのです。症状は、一般に嘔吐、緑～黄色っぽいひどい下痢、血便状の下痢などで、黄疸が出る事もあるようです。一旦症状が消えても、その後ひどい拒食や体重減少に悩ませられる事も多いので注意が必要です。

また、外見上の症状は回復しても、感染するとキャリア（保菌者）になり、その後４～６ヶ月程度は菌が出ているので、オーナーさんの知らない間に被害が広がり続けるようです。

また、感染しても症状として表れず、体の中に留まってしまい、体の調子が悪くなった時に発病することがあります。体内には長時間潜伏しています。６ヶ月も潜伏していたこともありますから、原因の分からない下痢には注意して下さい。

若くて体力のあるフェレットなら、うまく乗り切る事が出来るようですが、老齢のフェレットや、他に病気をしていて抵抗力が弱まっていたり、体調が悪かったりすると、死に至る事もあるようです。

●治療法

非常に感染力の強いウィルス性の病気で、主に保菌者の便から感染し（ジステンパー同様、人の靴や洋服にウィルスを持ち帰る事もある）２～５日で発病します。

原因が明確に分かっていないため、現在有効な抗生物質はありません。細菌による２次感染予防のための抗生物質や腸の粘膜の保護薬、下痢を防止するための制酸

●ＥＣＥに関する最新情報

こちらのホームページに掲載されている。

http://www.sbspet.com

剤、体力を保つためのカロリー栄養補給等の、補助的な治療方法になります。脱水症状を避けるために、充分な水分の吸収を心がけましょう。

また、直接的な治療ではありませんが、カロリーを補って体力不足に陥るのを防ぐのも、ひとつの援護射撃になるでしょう。フェレットバイトなど、お気に入りの高カロリー食を、こういう時こそ存分に与えてあげてください。さらに、カロリー摂取が必要な場合は、ニュートリカルというカロリー剤もありますが、そうなった場合には医師に相談して、点滴による注入など、何らかのアドバイスを求めるのもよいでしょう。

●予防法

この病気を防ぐには、他のフェレットと会う際に注意することしかありません。もし、原因の分からない下痢が続くようであれば、フェレットの様子をよく観察し、獣医師の手による健康診断を重ねていくようにしましょう。

９９年8月現在、今まで経験したことの無いほど多くのフェレットがＥＣＥの診断を受けています。これは、ひとつには気軽に参加できるイベントの充実や、フェレットを扱うペットショップが爆発的に増え、感染するチャンスの裾野が広がっていることを意味します。なにかひとつでも、ＥＣＥを疑わせる状況があるときは、フェレットを近づけない、近寄らせない強い態度を、飼い主ひとりひとりが持たなければならないと言えるでしょう。

ただ、神経質になりすぎるのも考えものです。先にも言いましたが、同様の症状は、フェレットにまつわる様々な病気であらわれるものです。コクシジウム、ストレス性、細菌性の下痢、食あたり、あるいは肝炎など…緑色の便が出たからといって、狂信的にECEを疑ってしまっては、フェレットの本当の健康のためにはなりません。

原因が特定できないということは、獣医にとっても難敵であるということです。見込み違い、読み違いで、不幸にあってしまうフェレットも実際にいます。まずはお腹を壊したら、そしてそれがなかなか治らないようだったら、病院に相談に行きましょう。そして、もし感染していても、恐れず、根気よく対処していきましょう。

熱射病

フェレットは暑さに弱い動物です。だいたい30度を超えると、生命に危険が及ぶとされています。ただし、気温がそこまで至らなくても、風通しが悪かったり直射日光が当たるところだと、同じく熱射病で、生命が危険にさらされてしまうことがあります。

熱射病の症状としては、まずぐったりとしてハァハァと息を切らすようになり、ひたすら水を飲もうとします。逆に苦しくてもがくようにすることもあります。脱水症状が始まっている可能性もあります。

こうなった場合には、まず体温を下げてあげることが必要です。水で濡らして絞ったタオルを体に巻いて、徐々に火照った体温を落ち着かせてあげましょう。間違っても、いきなり水にドボンと入れたり、冷蔵庫に入れたりしてはいけません。体温が急激に下がりすぎてしまうので、逆に危険を呼んでしまいます。また水に入れることは、ただでさえ消耗しているところから、更に体力を奪ってしまうため非常に危険です。

少し状態が落ち着いたら、早急に病院へ行きましょう。もしいつもかかっている病院が遠かったり休みだった場合は、どこでもいいので近くの病院に連れて行くようにしてあげ下さい。

老齢期

3歳を過ぎると、早くもフェレットは老齢期にさしかかります。身体にもさまざまな影響がが出やすくなるので、よりいっそうデリケートな飼育を心がけましょう。老齢期をうまく過ごしていくヒントをいくつか紹介します。

●体温調整が難しくなる

（対応）激しい温度変化を避け、暑すぎず寒すぎずの室温を保つ。

●運動量が減る

（対応）運動の時間を短くして、寝ている時は無理に起こさない。

●運動神経がにぶくなる

（対応）運動神経、反射神経、が鈍くなるので、他の動物に合わせる時には注意が必要。上下運動が困難になるので、ケージ内のロフトなどをなくしたり、ハンモックを低い位置においてあげる。

●老齢期のフェレットに関する情報提供
「メルヘン」
愛知県犬山市五郎丸字柿崎17-1
0568（62）6662

●抵抗力・対応力が弱くなる

（対応）いろいろなウィルス、細菌などに抵抗する免疫が弱くなる。外出、他のフェレットに合わせた後は特に注意が必要。また、この時期に新しいフェレットを入れるのは、ストレスの直接的な原因となるので、なるべく避ける。

●毛づやが悪くなる

（対応）新陳代謝の低下に伴いスキントラブルを起こしやすくなる。皮脂の分泌が少なくなりカサカサ肌になり易いので、シャンプーの回数を減らし、ブラッシングするようにする。必須脂肪酸、ビタミン・ミネラルなどを、補助食品で補う。

●低血糖症になりやすくなる

（対応）低血糖とは血中の血糖値が下がる事で、突然ぐったりして、死に至ることもある。運動中や運動後に疲れているようなら、フェレットバイトや砂糖湯を少量与える。具合の悪そうな時も同様。

●排便排尿コントロールができなくなる

（対応）筋肉が衰え、あちこちで排便、排尿をしてしまったり、自分で出来なくなったりする。対処方法として「時間を見計らってトイレに連れて行く」「日に何度もおなかをさすって排尿させる。」「病院でカテーテルを入れるなどの処置をしてもらう」があります。

●目、耳などに障害が出てくる

（対応）心臓、腎臓等の機能の低下によって起こる。また、涙の量が少なくなってくる。

●骨が弱くなる

（対応）骨折しやすくなり、歯石がつきやすくなるので、若いうちから骨、あごの強化を心がける。

●肥満になりやすくなる

（対応）体力の低下によって運動量が減るので、食事に注意する。具体的には、低カロリーでバランスの取れているフードに切り替える、腎臓に負担をかけないように、タンパク質を控えめにする、脂肪はカロリーが高いので、控えめにする、など。

獣医師とのつきあい方

よく「フェレットを診察できる獣医を教えて欲しい」と言われることがあります。しかし、住まいを聞いて遠方の方だった場合は、どうしても紹介するのを躊躇してしまいます。それは、いろいろなつてで良い獣医という評判は聞いても、私自身が、実際にお話したことや、お会いしたことがない場合が多いからです。

「フェレットを診る」とはいっても、私は、基本的には犬猫の知識の応用で充分だと思っています。ただ、どこを応用して、何をフェレット用に変えるのかという見極めが大切であり、難しいのだと考えています。

フェレットを診察・治療できるということは、犬猫の治療とフェレットの治療の違いが分かる、ということではないでしょうか。これは、単なる知識だけではなく、経験の豊かさがものをいう感覚、のようなものだと思うのです。

●どんな獣医さんが良いか

それでも端的に表すなら、

▼病気の事を細かく説明してくれて、そのうえで治療方針決めるてくれる
▼飼い主への説明をせずに、注射や検査、処置をしない

▼分からない事をうやむやにせず、きちんと「分からない」と言う
▼フェレットを多く診察している。

ということになるのでしょうか。

動物病院の情報は、今ならFSやJFAへ問い合わせるほか、インターネットで調べたりすることもできるでしょう。こうした、飼い主の方の生の声が集まった場所で紹介されている病院ならどこも、フェレットに対して前向きに考えている病院と認識しています。

ただし、実際に病院を選ぶ基準として、治療費の問題を挙げるひとは多いようです。動物病院は保険が効かないので、気になるのは当然でしょう。なぜなら、治療法も満足に分からないのに、適当な処置をして正規の料金を取る、という病院があるのも事実だからです。しかし、だからといって治療費ばかりを気にしているのも、良いこととは思えないのです。

●どう選ぶか

動物病院の医療費とは、大まかにみて人件費と消耗品代、医療器具の維持費に分けられるでしょう。消耗品などは全体から考えれば微々たるものでしょうから、ほとんどが医療器具を維持していく費用と、その動物病院で勤めている人の人件費と

考えられます。ですから、獣医師を束縛する時間、または働いている獣医師の人数によって、医療費に違いが出るかもしれません。

また、動物病院の獣医師というのは畜産、犬猫を広く勉強してきているので、フェレットのようにここ数年で普及した新しい動物を、専門的に勉強したわけではありません。ですから、獣医師は新たに勉強しなければならないということになります。医療費の中から、このような勉強する費用にあてられているということも考えられます。

また、先の医療器具というのは高価な物ですが、検査や治療には欠かせないのかもしれません。

獣医師の間では、今やインフォームドコンセプト（飼い主にあらかじめ説明をして、医療方法をともに選択していく方法）が進められています。獣医師は、オーナーと二人三脚で、一緒に治療していく事を最善と考えているのです。

オーナーの中には、病気について自分で色々と調べる人もいますし、症状だけで「この病気だ」と思い込んでしまう人もいます。しかし、素人判断が、思わぬ不幸を招くケースもたくさんありました。具合が悪いな、と思ったらまず病院に行き、獣医師に診断をしてもらいましょう。その上で、自分の家のフェレットに合う治療法や処置を決めていくようにする。

「良い病院」とは、この作業がともにできる病院を指すのではないでしょうか。

●良い獣医さんの育て方

フェレットについて信頼できる獣医師が近くにいると安心ですね。しかし、なかなか見つからない、いても遠い、というのが多くの人の現状です。それならば、近所の獣医科を、信頼できる病院にしてしまおう！　というのはいかがでしょう。

ここではとある地方都市のの獣医師の話をしましょう。その地域でも、フェレットは売れていくものの、他の多くの都市と同様、フェレットを安心して見せられる獣医師がありませんでした。しかし、ある人が、まず1件の獣医さんを探しだし、二人三脚を開始しました。すると、その人の友達関係も、その様子を見て同じ獣医さんに行くようになりました。

その後、フェレットのオーナーズサークルができるようになると、病院の評判は口コミで広がり、ますますフェレットの診察を受ける人が駆けつけるようになりました。結果、その病院は、診察する個体の絶対数が飛躍的に増えて経験値が増し、今では安心していろいろたずねる事が出来る、すばらしい獣医師になりました。

はじめから評判の高い病院が近くにあるのは、ラッキー中のラッキーだと思いましょう。それよりも、自らのフェレットにかける愛情でもって、獣医師さんとも一緒に成長していけるような、そんな飼い主さんに、なっていって欲しいと思うのです。

MEMO

PART 6

オーナーとしての心得

うちは2年間単頭飼いだったので
エッヘン
自分のこと人間だと思ってるかもね
いや人間よりエライと思ってる
やっぱり2匹目は無理なんじゃ…
どよ〜〜ん
相性悪かったらどうしよう…
だめだったら返すってわけにいかないもんね
ところがいざ飼ってみたら
と〜ってもなかよし
ペロペロ
ちぇっいいねぇ幸せでー
フン
ついイヤミを言ってしまうほどだ

フェレットは増えていく

フェレットを飼う人の多くは、一頭から二頭、二頭から三頭…という具合に、わが子の数がどんどん増えていく傾向があるようです。決して「安い」といえる価格ではないのに、増やしてしまうのはなぜなのでしょうか？　ここではその謎を検証してみましょう。

まず、フェレットはペットとしてどう捉えられているのでしょう？

▼小動物でありながら犬猫にも迫る存在感で、話し相手になれる動物として認識されている
▼仕草がかわいく、家族の一員としての愛嬌もバッチリ
▼運動は室内でことが足りるので、手間がそれほどかからない
▼鳴かない（ベビーの時期以外）

たしかに、これだけの長所があって、しかもケージの中で飼える手軽さは単身の方やアパート・マンションに住んでいる方にとっては魅力的ですね。
では、2匹目、3匹目と増えていくのには、どういう理由があるのでしょうか？

1頭目▼飼いはじめ。慎重に、時間をかけて決心する人と、一目惚れで買う人とに分かれます。

2頭目▼先住の子が淋しくないように、遊び相手として購入するようです。

3頭目▼外に連れて行く時に、二頭連れて行くのは大変。かといって一頭を留守番させるのもかわいそう…ならばもう一頭増やして、二頭でお留守番にする形にしよう！ということで、三頭目に突入。

4頭目▼ケージで飼育していると、どうも2対1に分かれてしまう。仲間外れ防止、あるいは雌雄のバランスをとるため（？）に、四頭目へ。

5頭目▼この辺りを越えてしまうと、あとは大した理由はなくなるようです。ただ「可愛いのがいっぱいいる」という喜びのためだと思われます。


フェレットは、実際に飼ってみると、その可愛らしさに誰もが骨抜きにされてしまうようです。この小さな可愛い家族を、もっともっと…半ば中毒のような状態で、増やしていく人は多いでしょう。しかし、フェレットが増えるということは、その分餌代やジステンパー・フィラリアの予防医療代等が増えるということ、健康や怪我に対する管理の目もより厳しくしなければならないということも、考えなければなりません。増やす前に、経済的な事や迎えられる環境があるかもよく検討しましょう。

フェレットが増えるとき

フェレットオーナーの多くは多数飼いをしています。「遊んであげる時間が少なくてフェレットがかわいそう」「兄弟をつくってあげたい」から「もっと色々なフェレットと楽しみたい」まで、理由は様々ですが、要は前述の通り、みなフェレットの虜になってしまっているのかもしれません。

では、フェレットを複数で飼う場合に、何か注意点はあるのでしょうか。ほとんどのフェレットは、どんなフェレットとも仲良くなれます。注意点をきちんと押さえていれば、どの組み合わせでも比較的すんなり仲良くなります。私の経験では、ある程度時間が掛かったのも含めて、98％くらいの確率で仲良くなりました。

多頭飼はフェレット飼育の楽しみの一つです。きっと、一頭飼いの時よりも楽しい生活が始まるでしょう。フェレットがあなたを求めてやきもち焼き出す時の気分は最高ですよ。

では、多頭飼いにする場合の注意点を考えてみましょう。

●一緒にする前に

病気は持っていませんか？　耳ダニはいませんか？　便はしっかりしていますか？　寄生虫はいませんか？　これは先住のフェレットと新しく入る子、両方に注意しなければいけないことです。もしどちらかにうつってしまうと、治療の費用も時間も、倍掛かってしまいます。一緒にする前に、健康診断をしてもらって確認しましょう。

また、新しく入る子のジステンパーの予防注射にも注意して下さい。もしまだ受けていないようであれば、受けさせてから一緒にしましょう。

●先住のフェレットに注意しよう

一匹での生活が長いと、他のフェレットに対して拒絶反応を見せることが多いようです。新しく来たフェレットが先住者と遊ぼうと近寄ると、先住者は金切り声をあげたりして怖がります。もしどちらかが怖がっていたり、お互いに嫌っているようなら、注意が必要です。互いに激しく傷つけ合ったり、ひどい時は殺してしまう危険があるからです。

また、先住のフェレットが新しい子を全く受け付けず、下痢や食欲不信などを起こすこともよく見られます。フェレット特有の菌に久しぶりに接することで、一時的に体調を崩すのです。

この場合、ほとんどは新しい子に慣れれば回復しますが、長く続くようならば、病院での治療が必要になります。

●仲良くさせる方法その1／においを利用する

新しい子とは、すぐに打ち解ける場合もあれば、何ヶ月もかかる場合もあります。どちらかが拒絶しているようなら、無理に一緒にせず、ケージを別々にして少しずつ慣らせるようにしましょう。気長に構えてみてください。

フェレットは、まずにおいを嗅いで、自分が知っているものかどうか確認します。この習性を利用して、こんな方法も使うことができます。

▼先住者と新しい子をシャンプーして、それまでそれぞれについていた臭いを落とし、同じ臭いにしてから対面させる
▼二匹のフェレットの寝所（ハンモック等）を取り変えて、お互いの臭いに慣れさせる
▼二つのケージを隣り合わせにして、お互いの姿・臭いを確認させる

●仲良くさせる方法その2／時間を区切って対面させる

においに慣れさせたら、こんどは一緒に遊ばせてみましょう。無理強いをせず、今日は5分、明日は10分、という感じで、時間を区切って少しずつ一緒にいる時間を延ばしていきましょう。この時、一方が相手を咥え引きずりまわしたり、大きな声で鳴いていたら、すぐに引き離しましょう。フェレットの遊びは本当に過激な

ので、体格差があると思わぬ怪我をする事もあります。必ずあなたの見ているところで、様子を見ながら遊ばせるようにして下さい。

●魅力がいっぱいの多頭飼い

いちど多頭飼いをはじめてしまうと、その魅力から抜け出すことは大変です。フェレットは、お互いが慣れるにしたがって、あっていうまに兄弟以上の結びつきを見せ、トイレの場所や水の飲み方、部屋の探検の仕方などを新入りに教えてあげるようになります。

それで、飼い主は仲間外れにされてしまうかというと、そんなことは全くないのです。ひとたび歩けば二頭、三頭で足もとにまとわりつき、連合して遊びを仕掛けてきます。その魅力的な様子で、また一頭、もう一頭と家族を増やしてしまう人を、私は何人も見てきました。ぜひ、フェレットたちとの素敵な生活を楽しみましょう。

フェレット・ロス

●必ずやってくるフェレットとの別れ

命あるもの、お別れがいつかはやってきます。とても悲しく、淋しい事ですが、たくさんの楽しい想い出を残してくれたフェレットに、改めて感謝して、天国へ見送ってあげましょう。

なきがらを埋葬するには、いくつかの選択肢があります。火葬を希望する場合、公共の機関を利用しようとすると、ある程度仲間が集まったところでまとめて灰にしてしまうため、最終的には、どれがあなたの家族かはわからなくなってしまいます。それでも、他の動物たちと賑やかに送ってあげたいという場合には、この方法がよいでしょう。

また、あなたの家族を、一頭だけで荼毘に付してくれる私営の火葬屋さんもあります。あなたが大切にしていた小さな家族への思いを、充分に考慮して対処してくれて、お骨もあなたに帰してくれます。

あとは、命がゆっくりと大地に還れるよう、土葬することです。思い出の土地であることはもちろんですが、あなたの家族がくつろいで眠れるように、なるべく静かなところを選んであげたいですね。土に返す場合は、猫などによって掘り返されたりしないよう、少し深めに土を掘り、タオルか何かにくるんで寝かせてあげましょう。

●心の隙間を埋めるために

かけがえのない家族がいなくなることは、本当に身を切られるような悲しみです。しばらくは、その子のお気に入りのおもちゃや、定番のお散歩コースを見るだけでも胸が痛むかも知れません。

どうか、その痛みを忘れないようにしましょう。楽しい思い出をくれた家族のことを、無理に忘れようとする必要はないのです。できれば、思い出を共有した他の人たちと、心ゆくまで失われた家族のことを偲べると良いですね。そうして、少しずつ、悲しみと思い出とのバランスを取ってゆけば良いのです。

多頭飼いをお勧めする理由は、実はこんなところにもあります。

もし、かけがえのない「家族」がたったひとりだったとして、その家族に「何か」があったとき、その衝撃は100％の勢いであなたに襲いかかるでしょう。しかし、他にも兄弟がいたとしたら、悲しみは悲しみとしても「この子たちのためにも頑張ろう」など、自分を奮い立たせるきっかけになることができるかもしれません。

命は、いつか必ず終わりの時を迎えます。その時に後悔のないよう、毎日を精いっぱい、楽しく過ごさせてあげましょう。なんといっても、フェレットは、あなたなしには生きられないのですから。

命への責任

私たちがショップで出会い、わが家へ連れて帰るフェレットの多くは、ファームと呼ばれる、繁殖を生業としている場所からやってきます。つまりそこには、あなたの大切な家族の本当のお父さん、お母さんがいるるのです。あなたが本当にフェレットのことを愛しているならば、そのことも知っておいてもいいかもしれません。

ファームで繁殖をさせられるフェレットは、、その天寿を全うするまで子供を産み続けるということはできません。ある歳になったら、繁殖を引退するのです。では、その引退したフェレットはどうなってしまうのでしょうか?

アメリカのシェルターの中には、そのような繁殖リタイアフェレットを引き取って里親を捜す手助けをしているところがあります。また、私たちの家族となったフェレットの両親たちが余生を送るためのファームもあります。しかし、その一方で、マーケットのためだけにひたすら繁殖を重ねていったファームでは、「用済み」というだけの理由で、リタイヤフェレットを意味もなく殺していってしまいました。これは、およそ愛玩用のペットの繁殖の裏側では、よく起こっていることでもあります。

あなたが、もしフェレットを家族として大切に思っているのならば、ぜひ考えてみてください。世の中には、あなたの家族となるフェレットを提供するためだけに子供を産まされ、それが産む年齢でなくなったというだけで。あっけなく殺されてしまうフェレットがいるということを。そのような悲しいフェレットを作り出さないためには、大型ファームからではなく、個人で血統管理をして、必要な数の子供だけを計画繁殖しているところから、大切に譲り受けるのがもっとも理想的と言えるでしょう。しかし、実際には、ベビーフェレットは大量に「生産」されているのです。

もし、あなたがフェレットそのものを愛し、大切だと思うのならば、リタイアフェレットに携わっている施設に寄付をすることも出来ます。もっと言えば、リタイアフェレットを入手する事も出来るのです。あなたがフェレットとの生活を楽しんで、彼らを大切だと思い、彼らの親に感謝する気持ちがあるのなら、ぜひ行動してください。

この問題を考えるとき、切っても切れないのが、実はフェレットの価格の話なのです。フェレットを安価に流通させることができるというのは、余計な手間ひまを省いていることに他ならないのです。繁殖からリタイアして、養う意味のなくなった親フェレットは速やかに処分すること。これが、コストを下げる秘訣でもあるのです。逆に、このリタイアフェレットのことを考慮しているファームもちゃんと存在しています。そこでは、あらかじめ子供を流通させるときに、その親たちのためのものを費用を、見越して乗せていたりするのです。

フェレット自身に、罪はありません。しかし、そのフェレットを選ぶときに、どうか「安いから」という理由だけでは選ばないで欲しいのです。フェレットは一人では生まれてきません。その向こうにいる、リタイヤフェレットのことまで考えて、フェレットたちを力いっぱい愛してあげてください。

MEMO

PART 7 こんなときどうするの?

ベランダのサンダルを食べて腸につまって
入院して様子をみましょう
死ぬ目にあった
聞いたハナシ
毒性のある観葉植物を食べた
ゲー
排水口に入って出られなくなった
死ぬ目にあったのにまだ食べるか
本能とかないのー!?
けしごむ
しかも何度もくり返す
というわけで、うちでは放すときは目の前で
これが平和のヒ・ケ・ツ

Q. フェレットがにおうので病院に行ったら、臭腺除去の手術が失敗していると言われました。

フェレットはペットとして多くの人に受け入れられるために、幼児期に臭腺除去、去勢、避妊の手術をしています。しかし、体が小さいく難しいため、手術が不完全な事があるのです。手術の失敗をまとめてみましょう。

●臭腺除去の失敗

臭腺は肛門の左右にあるもので、これを処置しています。不完全な場合、玉ねぎが腐ったような臭いがしたり、肛門の左右が腫れる事があります。肛門をつねったときにニキビのような感触があれば、臭腺が残っている可能性があります。

●去勢の失敗（オスのみ）

睾丸を取る処置を行っています。ただ、睾丸があっても特に支障はないと思われます。

●避妊の失敗（メスのみ）

子宮と卵巣を取る処置を行っています。不完全な場合、命に関わる事になり、緊急な処置が必要になってきます。陰部が腫れ上がり、ホルモンの異常のために毛が抜け落ちる症状が出てきます。

今回の質問の場合は、肛門が腫れるなどの症状が出ないうちに、改めて手術を受けることをお薦めします。費用は病院によってまちまちですが、もしフェレットがまだベビーであれば、購入したショップにその旨伝えてみましょう。ところによっては、手術の代金を負担してくれたり、折半してくれる場合があります。この時、購入したときのギャランティーカードに、「臭腺手術済み」の記載があるかどうかも、忘れずにチェックするようにしましょう。

Q. たいへん！　ちょっと目を離したスキに、フェレットが脱走してしまいました！

フェレットは非常に好奇心の強い動物ですから、わずかなドアの隙間や、ふすま、障子に手応えを感じると、執拗に追いかけて、ちゃっかり禁止区域から飛び出してしまうことがよくあります。こんな時は慌てず、騒がず、次のことをもう一度確認してみてください。

本当に、外に出てしまったのか？

意外に、いつものお気に入りの場所ですやすや眠っていることがあったりします。大騒ぎになる前に、もう一度家の中をよく探して見てください。

外だとしたら、出入口は特定できるか？

フェレットは、短時間ではそう遠くまでゆくことはできません。いなくなった、出ていったと思われる場所を中心に、名前を呼びながら探してみましょう。

とにかく、探す側がパニックにならないことが大切です。フェレットの習性を今一度思い出してみましょう。たとえばフェレットは、歩くなら壁づたいが好きでしょうし、ちょうどいい大きさの穴があれば中を覗いたりしているかもしれません。またコツとして、探すときにはお気に入りのおもちゃ（鈴入りなど、音がするとなお良い）、コンビニ袋（カシャカシャさせて）、あるいはフードを小さな容器に入れたもの振ったりすると、興味を引かれて思いがけず飛び出してくるかもしれません。

◆届け出

一晩待って帰ってこないようなら、警察へ遺失物として届けてみましょう。保健所や動物園、獣医師会など、各種連携団体からの捕獲情報は、すべて警察に届くようになっています。これで、窓口はぐっと広がります。

◆張り紙、ビラ配り

家の近くのコンビニなどにお願いして、捜索願を貼らせてもらいましょう。ご近所にも配ってみると、思わぬ情報に繋がるかも知れません。また、普段から近所を散歩させて顔を売っておく、というのも時には思わぬ効果があるかもしれませんね。

Q. どうしてもにおいが気になってしまうのです。良い対策はありませんか？

確かに臭腺を除去してあるといっても、生き物ですから多少のにおいはしてしまいますね。でもちょっと待ってください。それは、本当にフェレットの体臭だけのお話ですか？

●掃除をマメに

フェレットが臭いと言われてしまう理由の大半は、尿臭と、身体の割に立派な糞のせいだと思われます。ですから、まずにおいが気になる場合は、トイレの掃除をまめにしてみてください。あまりぴかぴかにする必要はありません。糞を撤去し、トイレ砂を半分くらい取り替えれば十分です。それでも気になるようなら、消臭スプレーをひと吹き。あとは、意外にハンモックのような布製品ににおいが付着していることがありますから、洗濯して取り替えてあげましょう。

●もとを絶つ

フェレット本人がにおうという場合は、シャンプーが効果的です。さっと湯浴みさせるだけでも随分違いますから、あまりに気になるときは、試してみましょう。食べさせたり飲ませたりする消臭グッズは、品物によっては、繊維質で、体内のたんぱく質を奪って排出させてしまうものだったりします。これでは、フェレットの栄養学的に問題がありますので、使うときは注意しましょう。

●とりあえず

お客様などをお迎えするために、急ににおい対策をしなければならないときは、まず部屋の中で面積を占めている布製品（カーテンやクロスなど）を洗濯しましょう。1日くらいでよければ、アロマグッズの香りでなんとかすることもできると思いますよ。オイルやキャンドルを、いくつか用意しておくと良いですね。

普段からにおいが気になる！　という場合は、空気清浄機を取り入れるのも、アイディアとしては良いと思います。

Q. 私の部屋は日当たりが良く、夏はとても暑くなります。フェレットは大丈夫でしょうか？

フェレットは暑さにとても弱い動物です。毎年夏になると、脱水症状や熱射病で死亡するフェレットの報告が後を絶ちません。

死亡事故の原因として、「短い時間だから車内に放置した」、「朝涼しかったのでそのまま出かけたら、日中急に暑くなった」、「クーラーをかけていたけれど、停電で止まってしまった」などが多いようです。ほんの少しの気のゆるみでフェレットを亡くしてしまっては、悔やんでも悔やみきれません。そんなことが起きないように、しっかりした管理を心がけましょう。

室温が33度を越えると危険とされていますが、日なたで直射日光が当たるところや、閉めきって風通しの悪い場所などでは、それより低い温度でも熱射病になってしまう事があります。

夏場はできるだけ連れ出さない方がよいでしょう。どうしてもという場合は、移動用ケージに凍らせたペットボトルを入れておくとよいですね。幼齢のフェレットの場合は、特に注意が必要です。できれば夏場のベビーの購入は控えたほうがよいでしょう。

●部屋が暑い!

室温を一定に保つためには一番適切な方法ですが、万が一雷などで停電してしまうと、スイッチは自動では入りません。そのため、次のような方法で二重の対策をしておくと、安心です。

▼ペットボトル

空いたペットボトルに水を入れたものを凍らせて、ストックしておきましょう。出かけるときは、これにタオルを巻いてケージに入れます。保冷剤を使うのもよいですが、中身を食べないような注意が必要です。枕カバーなどに入れておくとよいでしょう。

▼水タオル

まず、濡らしたタオルでケージを覆います。そのタオルの裾は水を張ったバケツに入れて、乾かないように保ちましょう。扇風機で風を当てれば、気化熱で中を冷やすことができます。

Q. 冬の朝、フェレットがケージの中で震えていました。寒いのでしょうか?

家畜化された動物は、総じて暑さにも寒さにも弱くなる傾向があります。フェレットもかなり古い時から家畜になった動物ですが、原産がヨーロッパということもあり、冬場でも特に強い暖房は必要ないようです。

ただし、室内での生活が基本の動物ですから、冬の外気に長時間さらすことは避けましょう。室温自体は、だいたい10度~20度ぐらいを目安に調整してあげてください。

●温度を一定に保つ

室温を調整する手段としては、エアコン、石油・電気ストーブ、オイルヒーターなどがありますが、お好きなものを使用してください。ただし、ストーブ、ヒーターのたぐいは、フェレットを遊ばせる時には彼ら手の届かないように注意しましょう。登ったり倒したりすると大変危険です。

ケージの中など、特定の場所だけ暖めるには、爬虫類用の板状の電気ヒーターが効果的です。手間を掛けるのでしたら、湯たんぽも暖かいですね。部屋が乾燥しない暖房が、フェレットにも人間にも良いようです。

●寝床を温かくしよう

タオルを一枚、入れておいてあげましょう。潜るのが大好きなフェレットは、タオルの中で丸くなって、ぬくぬくと寝ると思います。ご質問の震えにも、これが効きそうですね。

冬は夏以上にカロリーを吸収しなければけません。恒温動物なので、体温を一定に維持しなければならないからです。そのため、冬期は糖分を貯えて体が大きくなります。普段のフードのほか脂肪分またはカロリー補給材で補強しましょう。

Q. 病院でもらった薬をどうしても飲みません。フードの好き嫌いも激しい気がします。

食に関しては、なかなか頑固なところがあるのがフェレットです。たとえば、子供の頃からフードを一種類しか食べさせていないと、他のフードを与えようとしても、頑として口に入れなかったりします。いつも食べているフードが品切れになってしまい、食べるものがなくなってしまって苦労したフェレットの話は、笑い話ではありません。

フードは、常に何種類かブレンドしてあげるようにしましょう。メインになるブランドをひとつ決めて、あとは2種類でも3種類でも混ぜておくと、結構まんべんなく食べてくれます。中には、最後までどうしても口をつけない「美味しくない」フードもあるようですが、たまに目先を変えてお湯をかけたりしてあげると、また一心不乱に食べるようになったりします。

もし現在、単品でしかフードをあげていないのなら、ブレンドも時間をかけて割合を増やしてあげてください。おやつ替わりに、お膝にのせて手から一粒ずつ食べさせても良いかもしれません。

他方、お薬ですが、フェレットは自分の食餌の中から薬を取り出すのが大変上手です。これを克服するには、

▼**細かく砕いてフードに混ぜる。香りづけにバイトをかけてもよい。**
▼**水に溶かして飲ませる**
▼**根気よく口に近づけて食べさせる**

などいくつか方法がありますが、やはりフードに混ぜてしまうのが良いでしょう。注意点としては、薬の必要ない個体にまで食べられてしまわないよう、単体で食餌させることです。お薬のかかった部分をなかなか食べない場合は、形がわからないくらいまで細かく砕いて、バイトに混ぜて舐めさせてしまっても良いと思います。

Q. 近くでフェレットを飼っている人と、情報交換をしたり、フェレット同志で遊ばせたりしたいのですが。

これだけ可愛いフェレットです。できれば同好の志と、この可愛さを分かち合いたいですね。仲間を見つけるなら、まずはショップに行ってみましょう。

あなたがフェレットを購入したショップが近所なら、住まいの近くで他にも購入している人がいるかもしれません。知り合いになりたい旨をお店の人に伝えておいたりすると、紹介してもらえるかもしれませんよ。あるいは、病院の待合いで仲良くなるフェレットがいるかも知れません。病院では、フェレット同志をふれあわせるのはあまり関心しませんが、飼い主さん同志のコミュニケーションの場には持ってこいかもしれませんね。

そのほか、メディアを使う方法もあります。

フェレットなど小動物を扱った雑誌には、文通を希望したり情報交換を希望する人たちからの手紙がたくさん寄せられています。「これは」と思った人にコンタクトをとってみると、思わぬ関係の広がりが生まれるかも知れません。

また、最近で見逃せないのが、インターネットの存在です。パソコンがあって、インターネットができる環境のある人は、検索サイトに行って「フェレット」と打ち込んでみてください。個人のページはもちろん、獣医科リストや、グッズを通販できるインターネットショップまで、フェレットに関する情報がたくさん乗っています。ひとしきり見学してみると、「合同でお散歩にいきませんか」など魅力的なメッセージが見つかるかもしれません。

最後に、イベントを利用してはいかがでしょうか。

最近は年に何回か、フェレットが集まる大がかりなショーやフェスティバルが開かれるようになっています。みな、自慢のフェレットを連れて参加していますから、お友達を捜すのには苦労しませんよ。また東京には、フェレットの常設動物園「たまいたち」などがありますから、こちらを覗いてみてもいいかもしれません。

● 各種イベントの問い合わせ先

▼フェスティバル／ＩＦＳ

▼ショウイベント／ＪＦＡ

052（332）1165

▼たまいたち／東京都世田谷区玉川1-15-1

03（5491）1097

Q. 今度、旅行で留守にします。その間、フェレットをどうしたらよいでしょうか？

旅行や出張などで数日間家を空けなければならない場合、どうするのがよいでしょうか？　ほとんどの人が、ペットショップや獣医、ペット専門ホテル等に預けてるようですが、慣れた人の中には飼い主同志で預かり合うという人もいるようです。どちらにしても、自分は目の届かない所に行くわけですから、いくつかの注意が必要です。

●まずは夏以外の時期を考えてみよう

夏場にペットショップに預けたら、フェレットの具合が悪くなってしまったという話があります。ショップの管理も悪かったのかもしれませんが、それ以上に環境の変化に慣れなかったのでしょう。とくに夏場は、自宅から移動するだけでも身体に大きく負担がかかります。

ペットショップに預ける場合は、あらかじめペットの管理状態や衛生面を事前にチェックするようにしましょう。


老齢のフェレットや体調を崩している子の場合だと、預けるという行為のために病気にかかったり、悪化したりすることがあります。ペットショップや動物病院の中には、そうしたフェレットを預かることを拒否するところも少なくありません。これは、問題が起きたときに、飼い主とトラブルになる事を避けたいからなのです。また、預かったフェレットによって病気をもらってしまう事もありますから、預かる側もデリケートにならざるを得ません。フェレットの具合が芳しくないときは、そもそもの外出を、考え直すことも大切かも知れません。

気心の知れた飼い主同志で預け、預かりあうことにしても、注意する点は変わらないでしょう。病気の他、ほかの家のフェレットを預かった場合、フェレットによって遊び方や興味を持つものが違うので、ケガにも注意しなければなりません。

飼い主同士の場合、好意で預かり合うわけですから、お互いに嫌な思いをしないためにも気をつけましょう。


どこに預ける場合でも、いつも食べている餌を持って行って、量や与える時間等を指定して、生活のペースをなるべく同じにしてあげましょう。また、ケガをした時や具合が悪くなった時のために、日頃通っている病院も知らせておきましょう。

ＳＧ運動を推進しよう

フェレットは、輸入動物です。

そのフェレットがやって来て、つねにトラブルになるのが、去勢と臭腺の手術に関してです。

ショップで購入するときには「手術済み」となっていても、いざ連れて帰るとかなりの割合で手術ミスがある、ひどいときには手術自体がされていないこともある。

証明書がありますよと言われたものの、渡されたものは英文で書かれていて、何のことだかさっぱりわからない…。これでは、早晩フェレットオーナーが、ショップと業者に幻滅してしまうでしょう。大切なことは、そのフェレットがどのようなフェレットで、どのような状態なのかを、はっきりさせることなのです。

手術がしてあろうとなかろうと、失敗していて再手術だろうと、フェレットの正しい現状を伝えさえしてくれれば、その子を選ぶかどうかは、ショップの客である私たちの問題なのです。


フェレットについて何年も携わっていると、手術ミスに関して嫌な話を聞くこともそれなりにあります。手術ミスのほとんどは、飼い主が泣き寝入りして自己負担、まれに良いお店が面倒を見てくれることがあったりしますが、張本人の輸入元が保証してくれるところは、本当に少ないというのが実状です。

少し厳しい言い方をすれば、現状渡し（商品そのもの＝フェレット自身）をみて、コレ、と決めたからには、その後の責任は皆、承知して買ったオーナーにあっても良いのです。たとえ手術はが失敗であっても、「納得ずく」で買ったのなら、文句は言えないのです。

しかし、事実は違っています。輸入業者も、ペットショップも、「手術は済んでいます」「保証書をつけています」と言っておきながらの、この状態なのです。

いまここに、SG運動というものを提案したいと思います。これは、フェレットオーナーが、自主的にその個体の情報を把握し、販売ショップ（時には業者にも）コンセンサスをとって、そのフェレットの「本当の現状」を明らかにして、責任の所在を明らかにさせるものです。

少しでもトラブルを回避していくために、ぜひこの運動を進めていきましょう。

次のページに誓約書のサンプルを載せておきます。切り取ってこのまま使用しても結構ですし、ショップで購入する際のヒントにしても良いでしょう。

●SG運動の発案店
「ウォータークラブ」
東京都渋谷区恵比寿南1-2-3
03（3711）1110

誓　約　書

これから購入するフェレットがどのようなものであるか確かなものとするために、この誓約書を作成します。

● 当フェレットは、**【ブランド名：　　　　　】**フェレットであり、避妊または虚勢手術と臭腺除去手術を**【1：しています／2：していません／3：わかりません】**。
1のうち、万が一手術に失敗していた場合には、**【4：お客様で再手術／5：販売店で再手術／6：外部（問屋）】**がこの手術を請け負います。
5、6のとき、費用は**【（　　　）円まで／制限なく】**、病院は**【指定病院・お客様にお任せ】で、また**支払いの対象は**【手術費用のみ／その後の通院まで】とします。**再手術を保障する期限は、購入より【無期限／（　　　）まで】です。

● このフェレットには手術に関して外見的な印を**【7：設けています／8：設けていません】**。そのため、この誓約書を確かなものとするよう、割印をしたコピーを各一通ずつ保管し、8の場合にも確かに今回購入するフェレットである事を示すため、**外毛を各一本ずつ本誓約書に添付する**ものとします。もし手術ミスが発覚し、かつこの誓約書を有する場合で、**当該店が販売したフェレットだと認めない場合**には、この誓約書の外毛を**DNA鑑定**することで当該フェレットであるかどうかの物的証拠とすることをここで明らかにします。また、そうなった場合、DNA鑑定の費用は飼い主が側が負担しますが、鑑定の結果フェレットを販売した事が明らかになった場合には、その費用を小売店に請求できるものとします。

購入年月日／　　　　年　　　月　　　日
店所在地　／
店　　名　／　　　　　　　　　　　（印）
購入者名　／　　　　　　　　　　　（印）

おわりに

僕のフェレット　～あとがきにかえて～

フェレットに初めて触れたのは、先輩がアルビノフェレットを連れてきたとき。それから1年半というもの、そのフェレットという生き物を調べるためにペットショップへと通いつめた。どうやって飼うの？　何を食べるの？　病気は？　長生きするの？　…僕が、そんな基本的なことを知りたいと思っていたときには、まだまだこの日本では、フェレットは全く認識されていない動物だった。

毎週2回、デパートのウィンドウ越しにフェレットの様子を眺めていた。その愛らしい姿、仕草…たまらなく欲しい気持ちでいっぱいになった。しかし、そこに書かれている価格は、アルバイトの身分では高額すぎて、なかなか決心できないものだった。

ある時、とうとう触ってみたく思い、定員さんに「この子触らせて」とお願いした。ポケットには、いつも迷ってしまって使えなかったお金が入っていた。抱かせてもらった次の瞬間、強烈に噛まれ、流血した。でも、その次に口を突いたのは「この子ください！」という言葉だった。

全くの勢い。何も悩むことはなかった。運命というか、衝動飼いというか、とにかく必要な物をそろえて買って帰った。そうしてある年の12月30日、人間とフェレットの一対一の生活が始まることになったのだ。ちなみにその時彼女に付いていたプライスカードには、その当時僕が一週間、飲まず食わずで働いたときに得られる金額が書かれていた。そのくらいだからこそ、さらに僕の宝物になったんだ。

彼女の名前はカレンと決めた。大好きな競走馬トウカイテイオウのラストランで競い合ったビワハヤヒデの妹、ビワカレンにちなんで。黒々としたカレンの体はとても美しかった。

しかし、1日目の始まりは決して楽しいものとは言えなかった。家に帰り、箱を開けた途端、彼女の凶暴が始まった。もう流血どころじゃない。あまりに痛いので、投げつけることもたびたび。追いかけて来ては口を開け、噛みついては首を振る。この動物は慣れないのか？　かわいいのは見た目だけか？　環境が変わって驚いているのか、とにかく痛いことが現実だった。その日は炊事場に閉じこめて僕は寝た。少しだけ、お店に返そうかとも思った。

次の日。休みだった僕は一日中相手をしていた。そろそろ帰省しなければ行けない時期だったが、こいつを置いて帰れるだろうか。それかこいつを連れて帰るかと言う選択になった。早く仲良くなろうよ…でも、このフェレットと言う動物を知らないために、どんな期待をすればいいのかわからない。部屋の中をおいかけごっこしてその日は終わる。

3日目。どうすれば良いのかお店に聞きに行く。噛んだ時のしつけ方を教えてもらい、雑誌を紹介していただいた。もっとがんばろうと決意する。

4日目、炊事場に寝ているカレンは、扉をごしごしやっている。何だろう。空けて部屋に入れてあげた。まあ、また噛まれるのかな…と半ばあきらめて布団に入る。今日も私は噛まれ役…そんな風に思っていると、布団の下の方からカレンは入ってくる。僕の足を噛む。僕は足を引っ込める。カレンは着実に自分の領域を獲得していく。そして…丸まって寝てしまった。そう、カレンは寒かったのだ。丸まって寝息を立てているカレンを撫でながら、「明日はもうちょっと仲良くなろうね」ってお願いをした。

さて5日目。なぜか今日は、向かってきても噛みつかない。おお！　仲良くなれたんだな!?　試しに部屋の中で追いかけっこしてみる。ホキャホキャと鳴いて追いかけてくるカレンに、僕はもうメロメロだ…。

カレンダーはまだ正月休み、僕は家族にもこの愛らしい同居人を見せてやろうと連れて帰ることにした。首下げ鞄を持って、カレンはおなかの中に入れた。僕たちはもうすっかり仲良しで、安心しきった彼女が時々襟首から顔を出したりする姿がまた可愛いんだ。半分心配しながら連れ帰った実家でも大人気。犬とも仲良しになれて本当によかった。

そんな帰省が済んで、バイトも再び始まった。僕の仕事は車で原稿を運ぶこと。昼から夜までのアルバイト。その間カレンは一人きり…。僕は、カレンをひとりで置いておくのが忍びなくて、おなかの中に入れて一緒に出社してしまった。一時間半の電車通勤だったけれど、手慣れた物で会社での仕事中もおとなしくおなかの中に収まって寝ていたんだ。だから僕は、フェレットがいつ寝ていつ起きて、いつご飯が欲しいのかを体で覚えていった。いつもカレンと一緒だったんだ。今思えば会社がよく怒らなかったものだと不思議なばかりだけど…（ありがとう、新興社！）。

そして、毎日というわけではないけれど、寒かったり暑かったり心配な日には、アルバイトに行けないほど大事な宝物だった。何でかな。別にこんなに動物好きな人間ではなかったのにね。

仕事の休みの日には散歩に行くんだ。いつもおなかに入れてね。カレンはね、後を付いて歩くんだ。リードも何も要らないフェレットだった。チョーカワイイんだ、僕のフェレットは。

マルチインデックス

【A~Z、0~9】

【あ~お】

【か~こ】

【さ~そ】

【な～の】

【は～ほ】

【た～と】

【や～よ】

【ら～ろ】

【わ～ん】

【ま～も】

■著者／永池清 Kiyoshi Nagaike

ハークフェレット輸入元DeFoの経営者。フェレット愛好家としても名高く、現在もサークルや雑誌などで活躍している。動物病院によって愛するフェレットにいたずらに手術をされたり、ペットショップの無知・無責任な対応に憤慨して業者へ転身。愛好家の目線から、ペットショップが売るものに責任を持ち、飼い主に十分なサポートができるようになること、病気の際には獣医師と連携して十分な対処ができるよう関係が築けること、また心ある小売店が一軒でも多く生まれ、フェレットと愛好家が安心して生活できる環境をプロデュースしてゆきたいと願っている。

会社名DeFOは、「Dear Ferret Owner」の頭文字から。Eメールはdefo@character-jp.comまで。

■参考文献

ドッグ #1～12
飼い主が知らないドッグフードの中身
ペットフードにご用心！
獣医さんにご用心
愛犬病気の知識としつけ方
猫の病気百科
遺伝分子栄養学
フェレット
フェレットの衣食住
フェレットクラブ
フェレットパラダイス
アニファ
オルト#1～5
ガイドトゥフェレット
モダンフェレット
フェレットの臨床
All About Ferret
Pet Ferret
A step by step book about Ferret
Guide to owning Ferret

■情報協力

メルヘン
愛知県犬山市五郎丸柿崎17-1
0568-62-6662

フェレットピア
多賀城市大代1-13-15
022-366-9910

SBSコーポレーション
ウォータークラブ
ヘブン
浅田鳥獣貿易
BVJ
YKエンタープライズ
ITS
早馬動物病院
ハークフェレットファーム
沢山のフェレット愛好家のみなさん

IF

フェレットの愛《あい》し方《かた》

2000年10月1日　第1刷発行

著　者　永池清《ながいけきよし》
発行者　比留川洋
発行所　（株）本の泉社
〒113-0033
東京都文京区本郷3-17-7
電話　03-5800-8494
FAX　03-5800-5353
振　替　00130-6-137225
印刷　モリモト印刷
製本　難波製本

ISBN4-88023-336-6　C2076
Printed in Japan

※定価はカバーに表示してあります。
乱丁・落丁はお取り換えいたします。